实用的心理调适自

心理学与心理减压

谭小芳　胡一夫◎编著

培养自我调适技巧　增强心理适应能力

面对生活的压力，打开心中的阀门，懂得排解与调节，才能在人生的道路上走得轻松、长远。

了解自己的内心，适应生活的步调，学会控制情绪和自我激励，为自己的心灵健康负责。

给自己的身心做一次扫除，让颓废和压力从生活中消失，让轻松和快乐回归。

中国纺织出版社

内 容 提 要

生活中，人们总会不可避免地遭遇挫折和困境，还会遭受失落、沮丧、焦虑、抑郁等不良情绪的困扰。面临竞争而压力过大，成为现代人的切实感受。减压，不管是自我减压还是向心理医生咨询，都成为回避不了的话题。

本书先是针对现代人的压力进行分析，后针对诸多压力给出相应的减压方法。主要以实用为主，切实为人们减压带来一些有效的建议及方法。希望各位在阅读本书之后，能够抛下压力，活出自在和精彩。

图书在版编目（CIP）数据

心理学与心理减压 / 谭小芳，胡一夫编著. -- 北京：中国纺织出版社，2017.2（2023.1 重印）

ISBN 978-7-5180-2859-7

Ⅰ. ①心… Ⅱ. ①谭… ②胡 Ⅲ… .①心理压力—调节（心理学）—通俗读物 Ⅳ. ①B842.6-49

中国版本图书馆CIP数据核字（2016）第193135号

责任编辑：闫 星 责任印制：储志伟

中国纺织出版社出版发行

地址：北京市朝阳区百子湾东里 A407 号楼 邮政编码：100124

销售电话：010—67004422 传真：010—87155801

http：//www.c-textilep.com

E-mail：faxing@c-textilep.com

中国纺织出版社天猫旗舰店

官方微博http：//weibo.com/2119887771

佳兴达印刷（天津）有限公司印刷 各地新华书店经销

2017年2月第1版 2023 年 1 月第 4 次印刷

开本：710 × 1000 1/16 印张：17

字数：200千字 定价：49.80元

凡购本书，如有缺页、倒页、脱页，由本社图书营销中心调换

前言

人的一生，压力总是无处不在，有生活上的，有工作上的，有情感上的，它就藏匿在生活的背后，一不注意就会跑出来，令人无端惆怅。虽然，适当的压力是动力，但是过多的压力也会导致人们内心不适，甚至身体也会出现疾病。减压是现代人迫不及待需要讨论的话题，如何减压更成为人们内心的渴求。

生活在大都市，既是一种幸运，也是一种不幸。从刚刚步入社会的小青年,到白领,到中产,到领导者,人们在人生前进的路途中转换得晕头转向。与此同时，从单身，到结婚，到生子，再到中年，甚至老年。不知不觉间，压力在忙碌的生活中悄然诞生，因为总有人选择加班，总有人选择学习，总有人选择买房，在忙碌的同时，压力也在不断攀升。现代生活节奏越来越快，人们顾及的事情越来越多，因为生活、工作赋予他们太多的责任与义务。各种压力交织在一起，重重地碾压看现代都市一族。

减压如此迫切，并不在于人们所面对的压力有多么大，而在于人们的心理健康和身体健康已经出现了诸多问题。通常情况下，人们对健康标准仅仅局限于生理健康，并未将心理健康纳入标注之中。当压力袭来，内心备感失落、焦虑、沮丧、压抑，这就是健康心理趋于消极的开端。如何保证身体和心理的健康？学会减压！

有效地减压，在于人们如何正确看待压力。实际上，压力本身是一个中性词，如果人们将压力当作积极的、正面的，那就会促使自己不断去解决问题，不断成长；如果将压力当作消极的、负面的，则会觉得压力令人喘不过气来。有人抱怨压力，越来越消极；有人及时减压，将压力转化为动力。

对现代人而言，减压成为必备的生存技巧。本书通过深入剖析心理压力的来源以及形成原因，再逐一介绍各种减压的方式与途径，为你减压提供多种可能的方法。每天面对高度竞争的现代社会，我们所面对的压力都是极其正常的，只要正确对待，这些压力会成为我们前进的动力。另外，面对这些压力，我们不必太过于紧张，把握好自己的心态，正确应对，有技巧地减压，就会促使压力转化为动力。

编著者

2016.1

目　录
CONTENTS

心灵自修：解码心理压力的秘密

什么是心理压力？也就是我们常说的精神压力，它主要来自于社会、生活、竞争。这些压力就好像是一个交织的密网，不断挤压周围的空气，使得人们的呼吸越来越困难，心情越来越焦躁。

你是否存在心理压力

随着生活节奏越来越快，来自社会各方面的压力也越来越大，由此而引发的各种心理疾病也层出不穷。在最开始的时候，人们并没有意识到心理疾病带来的危害性，他们只重视身体上看得见的健康，而忽略了心理健康问题。实际上，比起身体上的健康，心理上的疾病对身体的伤害更严重。一般来说，身体上的疾病是可以治愈的，而心理上的疾病却难以医治，一旦患上某种心理上的疾病，就会直接影响到你的工作、生活和学习。所以，对每一个生活在激烈竞争环境中的人来说，学会呵护自己的心理健康，不要让心理疾病侵扰你，这对于未来的事业、生活都有极大的帮助。

“老师承受的心理压力实在太大了！”这是现代老师喊出的肺腑之言。

有一次考试结束后，章老师将一份全年级化学小测班级平均分的排名拿给与自己同场监考的王老师看。王老师所带班级的化学成绩一直不是很理想，这次小测，他所教班级平均分不仅又是最末，还比以前略有下降。第二场考试开始了，王老师叹着气与章老师走进考场。刚发完试卷，教室里突然传出一个男性的歌声。“谁啊？”安静的教室里顿时炸开了锅，章老师和同学们一起搜寻那个破坏考试秩序的人。然而，师生们惊奇地发现，唱歌的居然是王老师！

王老师的行为让大家觉得既奇怪又好笑，随后有同学大声叫“老师，别唱了”，章老师也把王老师拉到一边，劝他别唱了。可是，王老师似乎听不见任何人说话，依旧唱个不停。章老师急忙向校领导报告，并找来医生进行诊断。医生表示，王老师受了不良刺激，心理压力太大引发失控行为。

而另一位女老师也发生了类似的状况，“我教学能力这么强，人又长得漂亮，为什么领导不重用我？”在办公室里，老师们忙着备课批改作业，女老师突然蹦出这么一句话，让同事们感到莫名其妙。有老师说，每次考试结束，校领导把全区其他学校的成绩单领回来比较的时候，那个女老师都十分紧张，然后就吃不下饭了。有时候能看见她在操场上走着，都会说胡话。

在以前，大家都会认为教师这个职业是一个比较轻松的职业。但近年来，一些社会舆论认为学生学不好，责任在于老师，因而老师所承受的压力非常大。而且，随着这些年以来进行的大规模的课改、教材更新，一些老师尤其是年纪较大的老师已经感觉到“力不从心”，适应不过来，加上自身心理调适能力较弱，就会产生心理问题或者心理疾病。

1. 心理压力对社会各阶层人士的困扰

据调查，现代人中产生心理问题和疾病的人群急剧增加，患精神疾病的人数几乎超过了心血管病，跃居疾病患者的首位。社会各阶层的人士都有着心理上的困扰，如果不及时调节，久而久之就会形成一种心理疾病。都市白领会在紧张的工作下患上心理疾病，焦虑不安、抑郁症、精神障碍等心理问题和疾病；对于产生在高发离婚率之下的人士遭受了情感的挫折，他们也会或多或少地产生心理疾病；贫困家庭难以承受压力的超负荷，生活和工作的双重压力极有可能导致心理疾病；商界精英面对事业受挫，其心理因失败的打击长期处于一种失衡状态中，又不能自我调节，极有可能诱发精神障碍、抑郁症、自闭症等心理疾病。事实上，一些竞争比较激烈、所担负责任重大的行业里，也会出现一些被心理疾病所困扰的人士。因此，心理健康不容我们任何一个人去忽视它，心理上的健康与身体上的健康一样重要。

2. 你是否去做过心理体检

尽管心理压力大，但大多数人依然没能及时去做心理体检。由于现代人普遍工作节奏快、竞争激烈、心理压力大，抑郁、焦虑和强迫症已成为人们主要的心理疾病。为此，专家呼吁，应加强对自身心理健康的关注和重视力度，建议人们每年做一次“心理体检”，把心理疾病危害程度降到最低。所以，面对心理疾病，要舍弃听之任之的态度，进行及时地疏导，进行心理上的调节，必要时可以向心理专家进行咨询，以此保持自己心理上的健康。

减压启示：

许多人都有这样的问题，心理上的压力很大，却又得不到释放，这主要是来自生活、社会的种种压力。而且，随着社会竞争越来越激烈，这样的压力会越来越大，几乎到了崩溃的边缘。近年来，因为承受不了生存的压力而选择自杀的人不在少数，究其原因就是心理疾病的困扰，更有甚者为此患上了抑郁症，失去了生活的勇气。因此，在现实生活中，我们不要忽视心理上的健康，只有保持身心健康才能扬起生活的风帆，走向人生的成功之路。

心理压力越大越容易陷入负面情绪

在日常生活中，我们常常发现这样一些容易陷入负面情绪的人：有为生计奔波的小贩，高企工作的白领精英，女老板，等等。可能，从表面上看，他们似乎并没有共同点，但是，如果我们仔细观察，就会发现，在他们身上有一个显著的特点：压力比较大。

据一项社会调查发现，那些生活、工作条件良好、受过较高程度教育的城市人，他们对生活的满意度远远不如农村人，来自生活和工作的压力让他们的生活质量大打折扣。近些年来，城市人的脾气似乎越来越大，他们自己则常常感觉到紧张、焦虑、容易愤怒，甚至在悲观时有自杀解脱压力的念头。通过这项调查显示，同农村人相比，城市人工作的体力强度、时间都少于农村人，而且，更注重健康的生活方式，但是，城市人的精神状况却显著差于农村人。同时，在调查中，个人工作稳定、收入有保障列为城市人平日最关心的问题，对工作的极度关注使得许多城市人明显觉得工作压力影响到了个人健康。另外，城市的快速发展和工作的快节奏让许多城市人觉得自己似乎有点力不从心，60%左右的城市人对自己的工作状况并不满意，而且，来自家庭以及婚姻的压力也会搞得他们焦头烂额。

最近，小月代表公司接待了一个大客户，第一次见面会谈，小月就感觉到这个客户太挑剔，不仅要求策划案完全按照他们的思路进行，而且，严格要求了每一个细节。回到公司，小月忍不住向老板抱怨："这个客户太挑剔了，一个企划案竟有那么多的要求。"老板收起了满面笑容，板着脸说："小月，你总是嫌这个客户不行，那个客户不行，这怎么能谈成业务？这一次，你务必要拿下这个大客户，否则，你就直接到销售部报道吧。"说完，老板就头也不回地走了，剩下满脸苦恼的小月。

按照客户的要求，小月拟写了企划案，而且，亲自检查了三遍，然后再交给客户，谁料，在会谈中，客户表示："这里还有几个小问题，你需要改改，为了美观，你最好重新写一份。"小月呆住了，重新写一份，之前自己可是花了一个星期，客户似乎看出了小月的心思："不好意思，不过，我们可以宽限时间，再等你一个星期。"告别了客户，小月几乎是一路发飙回来的。遇到一个出租车司机，因为司机没有听清楚小月报的地址，小月十分生气："你的耳朵干什么用的？老娘今天真是倒霉，遇到你这样一个傻傻的司机。"司机没有吱声，似乎对这样的乘客已经习惯了。就连进入公司大楼前，那个保安多看了小月一眼，小月也毫不客气地说："看什么看，不认识啊。"小月感到心中有个东西在不断膨胀，眼看就快要爆炸了。

每天，我们都面临着诸多压力，有可能是事业不顺而造成的工作压力，有可能是感情不顺而造成的感情压力，还有可能是家庭不和谐而造成的家庭压力，对此，心理学家把这些压力都统称为"社会压力"。社会压力对于一个人来说，将直接转换成心理压力、思想负担，久而久之，就会成为心结。如果这种压力，长久以来得不到有效释放，就会越积越多，并产生巨大的能量，最终，它就像一座火山一样爆发出来，导致的结果是，人们的情绪大变，总感觉自己活得太累，每天都不开心，脾气越来越坏，甚至，严重者精神崩溃，做出傻事。面对巨大的社会压力和心理压力，最重要的是自我调节、自我释放，当然，有合理而适度的压力，不但不是一件坏事，反而是一件好事。

对于我们来说，应该像高压锅一样，当压力不够时就聚集压力，让压力变成“煮饭”的动力；当压力过高时，就自动释放压力，这样压力就不会对我们造成伤害。那么，如何来缓解社会压力和心理压力呢？

1. 养成良好的作息习惯，营造良好的睡眠环境

在平日生活中，我们需要养成早睡早起的良好习惯，相对稳定的睡眠，使得我们的大脑皮层细胞得以休息。同时注意卧室的温度，过冷或过热都会导致人们睡眠质量差；也可以让卧室采用温和的色彩，这样人们会在一个相对自然的环境里放松自己，很快进入睡眠状态。

2. 放松精神，舒缓压力

我们需要缓解自身的压力，如在睡前可以进行适量的运动，听听音乐，或者是头部按摩运动来缓解压力；也可以进行饭后散步。可以在睡觉前播放一些轻柔的乐曲，在入睡前按摩耳后，脖子等部位，这样可以使身心都放松下来，舒缓了白天生活及工作的各种压力。

3. 给自己的压力要适当

心理学家建议：适当的压力有助于我们激发更强的斗志，但是，正如任何事情都有一定的度，压力过大就会影响到正常的情绪。因此，在日常生活中，我们要给自己适当的压力，只要不是太糟糕的事情，我们就应该学会忘记，这样一来，那些琐碎的小事就影响不到我们了。

减压启示：

无论是生存压力，还是工作压力，对一个人的情绪都是有着重要影响的，一旦压力来袭，情绪就会恶劣，容易生气、烦躁，似乎看什么事情都不顺眼，内心的情绪积压过久，总想痛快地发泄一番。因此，那些给自己压力越多的人，他们的负面情绪往往越多。

过度的心理压力会危害人的身体健康

卡耐基曾说："一个损失了健康的人，就算他赢得全世界，也不能算作真正的成功人士。即使他拥有全世界，每晚也只能占据一张床，一日也只能享用三餐。哪怕一个挖水沟的人，也能做到这一点，甚至还可以睡得更安稳，吃得更香，我宁愿做一个普通的农夫，闲来能够悠然弹奏五弦琴，也不愿意作为企业家，45岁不到就因为忙于管理而自毁健康。"现代人越来越焦虑，在内心里隐藏着一种恐惧，既担心自己的生存状况，又惧怕生老病死，其实，这就是典型的心理压力。长久以往，原本健康的身体被心理压力折磨得奄奄一息，心理不健康是导致身体不健康的主要因素。比如，有的人身体感到不舒服的生活，就老是怀疑自己生了病，整天陷入恐慌之中。其实，在很多时候，这些只是小病或者根本就没有疾病，而是源于内心压力，如焦虑和恐惧。当然，心病还得心药医，不要猜疑自己的健康，保持健康的心理，心病自然就会消除了，让那些在阴暗处滋长的压力在阳光下消失。

他是美国棒球名将，他曾遭受压力的困扰，后来，他摆脱了焦虑症，停止了没有理由的恐惧，所以他后来健康又长寿。

他这样回忆道："刚开始打棒球的时候，根本没有钱可挣，而且，常常被空罐子或马具绊倒，等到球赛结束了，我们就用空帽子向观众收点小费，以供奉母亲、养育幼小的弟弟妹妹，但那点钱是绝对不够的，有的球队就只靠草莓充饥。各种压力令我感到焦虑，我是唯一连续7年陪末座的棒球队经理，也是8年里唯一输过800场的棒球队的经理。以前一连串的挫败令我焦虑到不吃不喝，但是，后来，我决定不再焦虑了，如果不是当时就停止忧虑，我早就躺在棺材里了。"

在受压力困扰的日子里，他发现压力对自己毫无益处，只会危害自己的事业，而且，还会危害自己的健康。后来，他逐渐发现了克服焦虑和恐惧的方法：忙着为未来赢球作策划，没有时间去焦虑和恐惧已经输了的球局；绝不在球赛结束后24小时内批评球员的错误。

原来，他以前总是叫球员来训话，后来，他逐渐发现，如果已经输了球，责备和争论都没有意义了，只会增加自己的焦虑和恐惧。于是，他决定输球之后，绝不马上去看球员，要到第二天才跟大家讨论失败的原因，这样到了第二天，他已经很平静了，这样看来那些失误好像没有那么严重，他可以冷静地讨论。这样过了一段时间，他发现内心的焦虑和恐惧已经慢慢消减了。甚至，他认为，自己长寿的秘诀就是“停止焦虑和恐惧”。

焦虑和恐惧这样的压力给我们生活所造成的影响是不容忽视的，焦虑对我们毫无益处，只会危害自己的生活和事业，而且，还会危害自己的健康。与其花费大量的精力和心思去焦虑和恐惧，不如好好经营自己的生活，把精力和心思转移到生活上来，这样，自然而然就摆脱了焦虑和恐惧的困扰，从而获得一种轻松而美好的生活。

1. 小心生闷气

何谓闷气？它是由于心中郁闷，而憋在心里的气，是一种压力无法消除而无奈、没办法的表现。古人曰：“百病之生于气也。”常言道“怒伤肝，忧伤肺”，那些郁积在心中的不愉快情绪使内脏活动紊乱、内分泌系统失常，胃口不佳、消化不良，而且，长时间的烦闷还会导致血压升高，甚至导致冠心病。另外，从心理学上说，生闷气是一种不愉快的情感体验，它是一种消极的，甚至会破坏正常思维的情绪反映。一个人若是情绪恶劣，其记忆力将会减退，思维能力也大受影响，同时，喜欢生闷气还会影响到一个人的正常人际交往。

2. 小心压力危害身体健康

有时候，我们根本没有想过身体的疾病会跟压力有关，事实上，郁积在心中的压力常常会成为我们身体疾病的根源。一位经常被压力所困扰的人说：“我感觉很孤单，很堕落，心中像压了一大块沉重的石头，压得我快喘不过气来，什么时候才能将这块石头融化，它憋在我心里，憋得我快要疯了。”现代社会竞争激烈，工作和生活压力都非常大，这不仅影响家庭关系、同事关系、朋友关系，如果自己不能妥善处理这样一些矛盾，那些不断膨胀的压力就会危及我们的身体健康。

减压启示：

心理压力，诸如焦虑和恐惧是现代社会普遍存在的心理疾病，它源于工作压力、人际关系、经济问题、孤独以及交通阻塞。每天，我们都饱受着生活压力的困扰，可能或多或少都有焦虑恐惧的经历，然而，可能许多人都没有意识到，长期的焦虑会引起抑郁症，这是一种病态的心理，不但会给我们的健康带来损害，而且，还会感染到身边的人。

情绪压力宜疏导不宜压抑

每天，我们都可能面临着生活给自己带来的愉快、悲伤、愤怒和恐惧。但是，这样形成的情绪和情感往往是短暂的，哪怕是负面的情绪，痛苦之后，强烈的体验随着刺激的消失而消失了。可是，如果那些焦虑和忧愁长期存在，就会使人惶惶而不可终日，由不良情绪引起的生理变化也久久不能恢复。其实，长期压抑的情绪对人的身体健康是有着很大影响的，紧张忧虑的情绪不仅仅影响生活的质量，还会给身体带来更大的伤害。

小曼最近心情抑郁，因为她发现以前老把“爱”挂在嘴边的老公有了外遇。刚开始知道这个消息的时候，她就觉得心中的那个世界已经坍塌了，觉得天也塌下来了。自从结婚之后，小曼就辞去了工作，在家里相夫教子，把重心也放到了孩子身上，忽视了打扮学习，也忽略了老公的感情，自己成了黄脸婆，老公就这样出轨了。

之后，她的心情就一直很压抑很低落，对未来生活没有希望和期盼，很迷茫，每天都守着房子过着。她觉得完全失去了生活的勇气，天天跟自己在一起的老公都可以背叛自己，那还有什么值得依靠的？前些日子，她突然觉得烦躁不安，手心出汗，浑身不自在，什么也听不进去看不进去，有点崩溃的状态。好朋友来看她，小曼也不好意思把真相告诉朋友，觉得这是家丑。她也试着跟老公谈了一次话，可老公满脸愧疚地说没有打算跟自己离婚，可是他又牵挂着其他的女人，小曼觉得自己实际上是守着一个空壳过日子，她不想去过问他的行踪，可想着老公和其他的女人在一起，她也觉得浑身不自在。

前两天去医院例行检查，却发现自己患上了慢性浅表性胃炎，难道这就是守住婚姻的代价吗？小曼心情糟透了，精力严重透支，现在体力也完了，她也不知道自己该怎么办？

小曼一直压抑自己的情绪，使那些恶劣的情绪不仅影响到了自己的身体，也降低了生活的质量。其实，她大可跟老公吵一架，选择干脆地离婚，但她并没有这样做，既没有做出实质性的动作，只想守着自己的婚姻。最终因为不良情绪压抑得太久患上了疾病，给自己身体带来了严重的伤害。也有不少人都觉得自己与家人的相处比较压抑，即便是对他有什么不满，也总是强忍着，告诉自己不要跟他计较，尽量不生气，但是，这样的情绪压抑久了，难保自己不会做出一些冲动的行为出来。所以，对于那些不良的情绪，要舍弃压抑的方式，选择通过正确地渠道来释放，这样才有益于身心健康。

1. 长期的情绪压抑会导致心理疾病

那些压抑的情绪在身体里撞来撞去，让自己很难受，还有一种说不出来的悲哀，严重者还会就此患上抑郁症。也许，有时候，你会因为身边的种种因素而压抑心中不良的情绪，还安慰自己说“忍忍就过去了”，其实，总是压抑自己的情绪，会逐渐影响到你的身体，因为那些长期压抑的情绪比生气更容易伤害自己的身体。

2. 选择正确渠道释放情绪压力

可能有人觉得，既然不压抑自己的情绪，那就随处释放，不管是同事还是朋友，一股脑儿向对方发火。压抑的情绪是需要释放，但前提是通过正确的渠道，而不是无所顾忌地就随处释放出来。也许，不同的人会选择不同的释放渠道。有的人喜欢运动，有的人喜欢通过参加休闲活动来放松心情，有的人喜欢听歌看小说，有的人选择睡个好觉。其实，无论是哪种途径，只要能顺利地释放不良情绪，都是值得采纳的。因此，面对不良情绪，舍弃压抑的方式，选择正确的释放渠道，保持自己身心健康的状态。

3. 女性可以通过大哭来释放，男性可以通过适当的玩游戏释放情绪

众所周知，女性普遍比男性的寿命更长，除了职业、生理、激素、心理等各方面的优势条件之外，女性喜欢哭泣也是一个重要的因素。因为哭泣对于女性来说，这是一个释放不良情绪的渠道。哭泣之后，情绪强度就会减低40%，如果不能利用眼泪把情绪压力释放了，就会影响到身体的健康。所以，强忍着眼泪就等于“自杀”，可是，哭泣的时间不宜超过15分钟，否则也会对身体有伤害。

当然，眼泪并不是唯一释放情绪的途径，尤其是对于许多男性来说。这不得不让人想起男性之间的流行语“你今天玩游戏了吗”，如果见面不说，就好像自己不前卫不时髦跟不上时代步伐一样。其实，除去了“玩游戏”本身所具备的娱乐性质之外，它之所以能风靡于网络，还源于对压抑情绪的释放。当许多上班族忙碌了一天，总希望能通过一件愉快的事情来释放自己压抑的情绪，而“玩游戏”就成了一个巧妙的出口。可能，玩游戏并不是全民释放情绪的方式，不同的人会选择不同的途径去释放自己的不良情绪。

减压启示：

抑郁一段时期之后，你会发现身体出现了诸多不适，不仅给自己带来了心理上的疾病，还引起了身体上的疾病，这根本就是得不偿失。所以，当自己产生了一些不良情绪，一定要通过正确的渠道释放出去，舍弃压抑自己的方式，获得心理生理上的双重健康。

适当的压力并不是一件坏事

曾在一本书上看到这样一段话："人一生中都会面临两种选择，一是改变环境去适应自己，二是改变自己去适应环境。既然压力是已经存在的，根本无法彻底消除的，那我们何不积极地改变自己，正确引导各种压力成为自己前进的动力呢？"在现代社会，几乎每一个人都有压力，其实，适当的压力对我们自身是十分有用的。一个人的潜力究竟有多大，我想大多数人都不清楚，对此，科学家指出：人的能力有90%以上处于休眠状态，没有开发出来。是的，如果一个人没有动力，没有磨炼，没有正确的选择，那么，积聚在他们身上的潜能就不能被激发出来，而压力会给他们这样的动力。所以，适当的压力不仅能激发出一个人无限的潜能，而且，还能够带给我们许多快乐。

在日常生活中，来自各方面的压力使我们感到很累，好像生活被一个巨大、无形的网笼罩着，这令我们做任何一件事情都感到力不从心。于是，在强大的心理压力下，我们常常会幻想享受那种无忧无虑、不知忧愁是什么的生活。事实上，没有压力的生活是不可能快乐的，他只会感到烦闷、无聊，这样的生活状态久了，他会感觉自己在堕落，从而丧失了对生命的追求。

她是一位典型的家庭主妇，老公做汽车运输生意，生意十分红火，她的事业就是"相夫教子"。每天，除了煮饭就是洗衣服，除了逛街就是打扫卫生，甚至连两个孩子的学习都不用操心，因为请了家庭教师。生活得如此惬意，她常常受到许多人的羡慕："你真有福气啊！老公有本事，孩子聪明伶俐，你年纪轻轻就过上了富太太的生活，哎，真羡慕你，哪像我，还要焦虑这样，担心那样，像你这样没有压力真好。"刚开始，她也会推辞几句：“哪里，哪里。”时间长了，她也会疑惑：难道自己真的如他们想象般的快乐吗？以前孩子还小的时候，还可以陪在他们身边，现在老公长时间在外面谈生意，孩子也上学了，家里就剩下了自己一个人，尽管没有金钱的压力，没有生存的压力，但是，总是感觉到自己很无聊，心里烦闷，几乎已经远离了久违的快乐，这是为什么呢？

在现代社会，大多数人都会羡慕没有经济压力的家庭主妇、坐在办公室看报纸的公务员，似乎总觉得他们的生活是那么悠闲、自在，远离了压力的困扰。事实上，他们的生活真有那么快乐吗？对此，心理学家对那些整日闲在家里的太太有一个建议：尽可能找一份自己喜欢的工作，不管收入多少，至少能够体现自己的价值，给生活带来适当的压力。

一位留学英国的朋友回国，向同学们讲述了自己在国外的生活：“刚开始，我在国外的时候，由于自己英文很烂，害怕出糗，整天就把自己关在屋里，看书、上网、看电影，这样的生活状态整整持续了一个月，我崩溃了，我开始想：自己是否应该干点什么？”后来，她去了国家应用科学院求学，刚开始的时候，老师讲课自己一半都听不懂，而且，老师讲课也没有教材，只能靠自己做笔记，压力非常大。当时，她想，自己只要及格就行了，没有必要追求名列前茅。于是，每天，她都会拿着同学的笔记来抄，然后，就跟自己的男朋友一起出去约会。

临近考试的时候，她才开始“抱佛脚”，背诵笔记，每天只睡三个小时，第一次考试，她及格了。虽然，自己的分数并不是很高，但是，令自己高兴的是老师给全班同学发了一封邮件，在信里，老师这样说：“这次考试，我认为出的题目比较难，但是，令我没有想到的是，班里的三个留学生考得还不错，希望你们继续努力。”老师的鼓励令她受到了鼓舞，她开始认真听课，成绩也越来越靠前了，到了第二年，她的成绩就排在了全班第一，这样的成绩不仅令同学感到惊叹，连她自己都觉得不可思议。最后，她这样说道：“在国外求学的经历堪称跌宕起伏，但是，我并不觉得有什么不好，这些所谓的挫折与困难，让我学会了承受，让我赢得了最后的胜利。我们的生活需要适当的压力，压力教会了我们什么是坚持，最重要的是，让我远离了那种无聊、烦闷的生活，而重新拾起了久违的快乐。”

有时候，适当的压力并不算什么，当你坚持下去，你就会发现已经没有多少压力了，所有的压力都会在行动中找到发泄的途径。只要我们能够坚定地走下去，全力以赴，我们将赢得自信，我们知道自己能够做得更好，这样长久地消除各种压力，获得动力，从而走上成功的途径。

1. 什么是适当的压力

也许，有人会问，什么是适当的压力？适当的压力，就是指时间不长、刺激不大、能让人最终有成就感的压力。所以，随时让自己拥有适当的压力，舒缓过大的压力，从而远离无聊、烦躁的心境，重新追逐生活的快乐。

2. 有时候无聊比压力更令人苦恼

一位公务员的朋友这样说：“每天九点我才去上班，十点左右就可以离开了，下午有时候根本不上班，可是，一天剩下了这么多时间，我也不知道怎么打发，心绪变得混乱不堪，时常感到无聊、烦躁，有时候，我甚至感觉到自己在浪费生命。”其实，烦闷的根源来源于“无所事事”，这与大多数家庭主妇的生活差不多，即使远离了社会的压力，但是，无聊似乎比压力更令人苦恼。

减压启示：

生活在现代化的社会，我们无论如何都避不开压力：学生时代，我们所承受的是各种考试的压力；工作时期，有着上司的要求，家人的期许，自己内心的苛求，等等，这些压力都是无法避免的。既然无法避免那些潜在的压力，何不把压力当作生活的调剂品呢？

自我检查：心理压力测试

现代社会，已经不再是一个节衣缩食的年代，而是一个适者生存的年代，努力成为进取人们的专有名词。当然，在这个过程中压力也在潜移默化地隐藏在生活里，不管是情感压力，还是金钱压力，人们都难以逃脱压力的折磨。

你是否总觉得有一种无形的力量压迫着自己，让自己夜不能寐，心情总无法平静。你是否能找到压力源呢?

测试：如果下面有四种口味的章鱼小丸子，你最喜欢吃哪个口味的呢?

A. 贡丸

B. 爆浆撒尿牛丸

C. 小鱼丸

D. 珍珠丸子

测试结果：

A：

选择贡丸，那说明你的压力来源于身边的小人。有时候办公室生活太枯燥无味，自然会滋生出一些流言，所以会影响到你原本的好心情。尽管是流言，但绝非空穴来风，未必没有原因。大部分人都会相信这样的思维，所以会莫名其妙地招惹小人，内心缺乏严重的安全感，你也不知道未来会发生什么事情。所以总是对现有的状态感到焦躁不安，情绪波动较大。

B：

选择爆浆撒尿牛丸，说明你的压力来源于你本人。你这个人平日里很悲观，没什么事情就喜欢多愁善感，所以常常让自己陷入莫名的忧郁当中。你的压力就是因为你想太多了，很多事情都已经发生了，但是你还是希望有力挽狂澜的一天。所以你总是问自己是不是真的做错了，于是常常深陷其中，不能自拔。

C：

选择小鱼丸，那说明你没什么压力。你懂得如何寻找快乐，哪怕一个人，也可以寻找到生活中细微的快乐。心中快乐，所以并不觉得应该用压力来诠释生活。你也不会浪费时间去忧郁难过，毕竟开心也是一天，不开心也是一天，为什么不开开心心地度过每一天呢？应该把每一天当作新的一天来过，这样的人生才会多姿多彩。

D：

选择珍珠丸子，你是典型的完美主义者，希望黑就是黑，白就是白，不需要存在中间不黑不白的状态。你的压力来源于对未来没有安全感，甚至对自己目前的状态也压根不满意，恨自己没能做到最完美的状态，但是事实往往不尽如人意，通常其他人都不能好好配合你的做法，所以你总是觉得孤芳自赏，没有人明白自己。

当找到了压力源，你是否明白自己压力大，还是压力适当呢？压力的累积对心理会产生很大的破坏，往往会成为心理疾病的导火索。下面可以测测你的压力水平，请在每道题后标注“不适用”“偶尔适用”“经常适用”和“最适用”。

（1）我发现自己为很细微的事而烦恼。

（2）我似乎神经过敏。

（3）若受到阻碍，我会感到很不耐烦。

（4）我对事情往往作出过度反应。

（5）我发现自己很容易心烦意乱。

（6）我发现自己很容易受刺激。

（7）我感到长期处于高警觉的状态。

（8）我感到自己很易被触怒。

（9）我觉得自己消耗很多精神。

（10）我觉得很难让自己安静下来。

（11）受刺激后，我感到很难平心静气。

（12）我神经紧张。

（13）我感到很难放松。

（14）我感到忐忑不安。

（15）我很难忍受工作时受到阻碍。

选“不适用”计1分，“偶尔适用”计2分，“经常适用”计3分，“最适用”计4分。

A. 15分：你没有压力。

B. 16~30分：你有轻度压力，需调试自己的情绪。

C. 31~45分：你有中度压力，除自我调节外，还可以寻求心理咨询师的帮助。

D. 46~60分：你已经处于重度压力之下，建议寻求心理咨询师或精神科医生的帮助，做心理咨询或者根据情况做治疗。

第02章 源头解惑：疲劳、紧张和压力是谁造成的

生活中，工作、家庭上带给人们的压力无疑是最重的，不仅要生存，更要做好事业，所以考虑的事情往往很多。当神经变得紧绷，内心充满焦虑，常常令人们无所适从，事情也无法做好，然后这样的焦虑再转变成压力。那么，你的压力是谁造成的呢？

不良的生活习惯会造成精神紧张和压力

你是否感到压力重重？你是否有这样一些习惯呢：早上若是感觉不怎么饿，就干脆不吃早餐，也省去了麻烦，如果实在是要吃早餐，也会去小摊买点油炸食品；中午休息时间太短了，直接到快餐店来份午餐，匆匆解决掉；晚上几个哥们姐们一起海吹喝酒聊天吃火锅，玩得不亦乐乎；直到深夜了还会在街上吃点夜宵再回家……

现代社会，不管是工作、生活都给人们带来无形的压力，使人们总感觉疲惫不堪，烦躁不安，或者焦虑，这对身体健康十分不好。或许你会问，到底是什么让自己的压力怎么也减少不了呢？实际上，有些压力来自于你自己的一些生活习惯，比如以上这样的生活习惯。

甚至，强大的压力还会导致人们的身体进入亚健康状态。可能有人还在疑惑，亚健康到底是什么？用比较通俗一点的话说，就是你已经接近生病了，虽然从表面上还看不出什么具体的症状，自己也没有明确地感觉到身体上有不舒适的状态，但是也许就在你转头的那一刹那，可能疾病就出现了。当真正的疾病来临，你可能还在迷惑之中：身体不是好好的吗，怎么说病就病了呢？其实，这就是你没有及时地认识到自己的身体已经处在了亚健康的边缘。

梦洁刚刚大学毕业，在家人朋友的帮助下找了一份不错的工作，每个月薪水不少，唯一不足的就是太忙了，忙得都没有睡觉的时间。所以，早上为了能赖那么十几分钟的床，她索性就省去了早餐。有时候，闻着隔壁小吃店的美味，也忍不住买点东西吃。但是，她从来不喝牛奶吃面包之类的，她觉得那样的饮食搭配显得寡然无味，还不如吃点油炸食品。

中午的时候，当别的同事都出去吃饭了，梦洁还在公司忙碌着，经常都是喊外卖，吃着快餐店的饭菜，她都分辨不出什么是美味，只要能吃饱

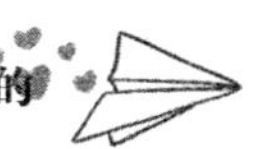

就好了，这样下午才有力气工作。在她看来，中午这顿不用花多少心思，因为白天大家都忙，还不如留着肚子晚上吃个痛快。傍晚，梦洁结束了一天的工作，邀约几个好朋友去酒吧玩，喝酒唱歌跳舞，好像把白天工作所带来的那种负荷都摆脱得一干二净。玩到很晚，大家才散伙，因为在酒吧只顾着喝酒，这时候才发觉饿了，于是又吃着路边的烧烤，或者回家煮包泡面。

她从来没有觉得自己的饮食有什么问题，直到最近她觉得身体不太对劲。在医院，当医生把“亚健康”这样的字眼抛给了梦洁，她有些不相信，自己才刚刚大学毕业，正值青春年华，怎么会处于亚健康状态了。医生笑着说：“就是你们这个年龄，自认为太年轻了身体很好，不珍惜身体，不注意饮食，所以，你们要特别注意自己的饮食习惯，否则还会引发身体疾病。”梦洁拿着医师开的营养饮食清单，心里却在想，自己还真舍不得那深夜的美味烧烤呢！可是，另一面又是身体的健康问题，她陷入了纠结。

也许，我们身上都有梦洁的影子，不讲究早餐午餐的营养，却贪恋深夜的美味烧烤。但是，如果不良的饮食习惯和身体健康摆在面前，自己又会做出什么样的选择呢？虽然受到了医生的警告，但有的人还是“不见棺材不掉泪”，任性地折腾自己的身体，直到躺在了医院才发现事情的严重性。其实，在这样的情况下，我们应该作出正确的选择，舍弃不良的生活习惯，摆脱亚健康的影子，恢复自己的身体健康。当你身体处于一个健康的状态，心情自然会好起来，也会使压力得到缓解，工作也很有劲儿了，你会发现生活原来是那么的美好！

美国《赫芬顿邮报》近日总结了10种会诱发压力的不良生活习惯，各位不妨自我检测一下：

（1）沉湎于数字媒体。这种行为会导致自己产生孤独感、工作倦怠感。

（2）压抑感情的宣泄。压制情绪会让压力内生化，从而对身心健康造成负面影响。对造成压力的事件采用积极的方法应对，就能增强对它的掌控能力。

（3）久坐不动。研究表明，缺乏运动会给人的生理和心理带来挫败感，锻炼能很好地克制焦虑情绪。

（4）为金钱不顾兴趣爱好。有大量的心理学研究表明，财富会引发压力效应，破坏幸福感。很多人相信钱可以使我们感到幸福，但事实上，除了那些极度贫困的人，钱并不一定能买来幸福。

（5）追求完美。普通人不要刻意去追求完美，力争把事情做好即可。培养感恩之心有助于完美主义者适度降低他们的预期水平，从而减轻承压水平。

（6）对一切事情过度分析。反复思考只会增添更多的焦虑情绪，对女性来说更是如此。

（7）购物成瘾。物质至上主义者会增强压力的不良效应。

（8）介入别人的压力。大脑很敏感，当人们接近别人的压力圈时，就会向大脑发出感到担心的信号，让人容易做出承受压力的效仿行为。

（9）认为压力所引起的睡眠障碍不重要。短暂的压力并不会影响睡眠，但不重视这种现象，进而导致长期缺乏睡眠，会让人更难处理压力。

（10）过分注意自己的财务状况。为了达到收支平衡而努力奋斗不仅会引发焦虑感，还会影响到认知能力。

减压启示：

这些不良的生活习惯会给我们带来无形的精神压力，在不知不觉间占据内心，赶走快乐，使人们变得更加焦躁和不安。如果你感到一些无形的压力，那么先来自我检测一下，你是否存在这些不良的习惯呢？如果存在，那就想办法改掉这些不良习惯吧！

错误的做事方式会让你备感疲惫

卡耐基说：“良好的工作习惯可以令人有效率地工作，自然可以减轻一个人的疲惫感，当然也可以帮助人们消除内心的忧虑。”有这样一句俄

罗斯谚语：“巧干能捕雄狮，蛮干难捉蟋蟀。”这句话道出一个普遍的真理，即做事需要讲究方法，巧干胜于蛮干。埋头做事是好事，但如果你使用了错误的方法，只会让事情越来越忙，自己也越来越感到压力山大。生活中，没有一成不变的事情，处理不同的情况，需要我们因时因地制宜，采取不同的对策。所以，在做事情的时候，需要一种求实的态度和科学的方法，在任何情况下都要按科学规律办事，找准方法，这才是缓解压力的诀窍之一。

威廉多年以来一直担任某出版公司的高层主管。

在过去这么多年来，威廉每天都需要把一半的时间用来开会和讨论问题，比如这个问题应该这样，还是那样？或者这个问题根本不用理会，这时他都会表现得异常紧张，坐立不安，在房间里走来走去，与下属讨论，不停地争辩，一个会议可能开到晚上，散会时，威廉总是感觉到精疲力尽。

在这样的日子重复很多年之后，威廉以为他这一辈子都会这样，不过，他也在想，或许会有更好的办法。

威廉的秘诀是：第一，马上停止会议中一直使用的程序。比如，在以前，他会跟那些同事先报告一遍问题的细节，最后再询问“我们该怎么办呢”？第二，订下了一条新的规矩，任何人想要问他问题，必须事前准备好一份书面报告，并准备着四个问题：

（1）到底是出了什么问题。在过去我们这种会议一般都要开一两个小时，但是大家还弄不清楚真正的问题在哪里，大家经常是开始讨论问题，却不愿意提前写出来所讨论的问题究竟是什么。

（2）是什么导致了问题的出现。回想过去的会议，他惊奇地发现，虽然在这种会议上浪费的时间很多，但最后都没有找出是什么导致了这个问题的出现，也就是说，这个会议根本没有达到预期的效果。

（3）怎样来解决这些问题。出现了问题肯定需要解决，在过去的会议上，只要有一个人提出了一个解决方法，就有其他的人为此跟他争论，于是大家也就争论起来，结果常常是说着说着就说到了别处，直到开完会，还在进行那个题外话。

当他提出这样几个问题之后，他说：“过去那些跟我一起开会的人，经常会在会议上绕圈子，却从来没有提到过切实可行的解决方法，现在，我的下属很少会把他们的问题拿来找我了，因为他们发现在需要回答我上面这几个问题之后，他们已经在仔细思考问题了，当他们做了这些之后，就发现大部分问题都不需要再来找我商量了。”

以上就是威廉如何摆脱无形的工作压力的例子，在过去，每当结束一个会议，总感觉很累，而且更糟糕的感觉是问题还没得到解决，既浪费了时间，又觉得根本没达到自己想要的效果。这样长此以往，最终的结果是他越来越害怕开会，甚至他听到“开会”这两个字都会打不起精神来，这其实就是一种无形的压力，它不断地使人否定自己，打击自信心，最终他就会在压力的重压之下变得更糟糕。

那么，如何保持正确的做事方式，这里有一些秘诀，可以帮助我们找到正确的做事方式，从而使压力得以缓解：

（1）尽早处理手头的事情。假如你的办公桌堆满了乱七八糟的东西，那么仅仅是这表面的东西就足够令人产生焦躁的感觉了，而且看似杂乱的文件会令人有一种错觉：还有这么多工作需要我去做吗？但是时间已经所剩无几了。

（2）按事情的重要程度来排序。全美市务公司的创办人亨瑞·杜哈提说：“不管我出多少钱的薪水，都不可能找到一个具有两种能力的人，这两种能力是，第一，能思想；第二，能按事情的重要次序来做事。”当然，永远按照事物的重要性做事并非那么容易。但是，假如制定好计划，先做计划上的第一件事，那绝对比你随便做什么事情要有效果得多。

（3）遇到问题时，尽可能当场解决。因为每次开会都要花费很长的时间，在会上总会有许多问题需要讨论，不过却不容易形成决议。最后，参加会议的每一位都不得不带着一大包文件回家细看。所以，遇到问题时，尽可能当场解决，绝不拖延时间。

（4）学会组织、分权和监督。许多人做任何事情都是亲力亲为，他们不懂得将责任分摊给其他人，结果自己累死累活，还烦恼一大堆。在这样的情况下，即便一件小事情也会让他忙得够呛，他总感觉时间不够用，焦虑和紧张。尽管分权对于自己而言不是那么容易，不过，这并不表示我们不需要分权，事实上分权是领导者们避免忧虑、紧张和疲惫的最佳方法。

减压启示：

爱因斯坦说："成功=艰苦的劳动+正确的方法+少谈空话。"许多人每天瞎忙，他本以为自己已经够拼了，但为什么压力还是那么大呢？忙并不代表你努力，"做事"的方式最重要。正所谓"一分耕耘，一分收获"，努力是很重要的，但做事方法更重要，如果方法错误了，那拼搏也只会带来无尽的烦恼。

过度强调疲劳感会让你身心紧绷

过度强调自己有多累，其实会让自己身心紧绷。英国最有名的心理分析学家海德费，曾在著作《权力心理学》中说："我们感到的大部分疲惫，都是心理影响的结果。其实，纯粹是由生理引起的疲劳是很少的。"也就是说，在生活中，我们所感到的疲劳，大部分是因精神和情感因素所引起的。事实上，大脑是完全不知道疲倦的，即便工作8小时甚至12小时之后，大脑的工作效率会像刚开始工作那样高。那么，在现实生活中，到底是什么让我们感到疲惫呢？

其实早在几年前，科学家们尝试着找到人脑工作多长时间会感到"超负荷"，即疲劳的科学定义。试验的结果令人意外：当大脑在工作时，血液通过人脑时丝毫没有感到疲惫的迹象。不过，当科学家从这些正在工作的工人们的血管里抽出血液时，那里面却含有许多疲劳毒素和疲劳产物。人们之所以会疲惫，大多因为情感或心理的因素引起的。

琳达深谙一种放松自己的方法。小时候，她偶遇一位老人。当时，她摔了一跤，膝盖碰伤了，手腕也扭伤了，那位老人看见了，赶紧将她扶了起来，并用手拍掉她身上的灰尘。然后，老人对她说："你不知道如何放松自己，所以你摔伤了。来，我来教你一种方法，你应该假装自己软得像一双袜子，像一双穿旧了的袜子。"然后，那位老人开始教她和其他的孩子如何跌倒不会伤到自己，如何跳，如何翻跟头，并告诉琳达自己曾经在马戏团当小丑，所以熟悉这些技巧。

最后，老人再一次强调："假如你就是一双旧袜子，将自己想象成一双旧袜子，那就可以放松全身了。"

布列尔博士，美国著名的心理分析学家，他曾说："一个长期坐着的工人，假如健康状况良好，那他的疲惫百分之百是受心理因素以及情感因素的影响。"在现实生活中，许多因素都会导致人们疲劳，比如呆板、懊恨、一种不受赏识的感觉以及慌乱、焦急、忧虑等。这些因素都将导致人容易疲惫、容易感冒、导致工作成绩有所下滑。人之所以感到疲惫不堪，是因为他们的情绪使身体变得紧张不安。

努力工作本身很少引起疲惫。导致身体疲劳的三大原因是忧虑、紧张、情绪不安。工作状态的肌肉就是紧绷的肌肉，学会放松自己，为其他更重要的事情省力气。或许，现在你可以自我检查一下：照镜子，是否发现自己正在皱眉，是否感到眼睛酸痛，是否正躺在椅子上休息，是否感觉肩膀酸涩，是否感觉浑身绷紧。假如你的肌肉正处于紧张的状态，那表示你正在人为地制造疲劳。所以，请放松自己吧，整个人瘫在椅子里，好好休息。

1. 随时随地放松自己

生活中有一种动物跟袜子一样慵懒，那就是猫。不管它是躺在地上晒太阳，还是瘫在你怀里睡觉，猫都会很放松自己的身体，所以，当你找寻不到放松的方法，不妨学学猫的动作。毕竟，猫是从来不知疲倦的。

2. 工作时保持舒适的姿势

在工作中，身体保持舒适的姿势。尽管大部分的疲惫是由于心理或

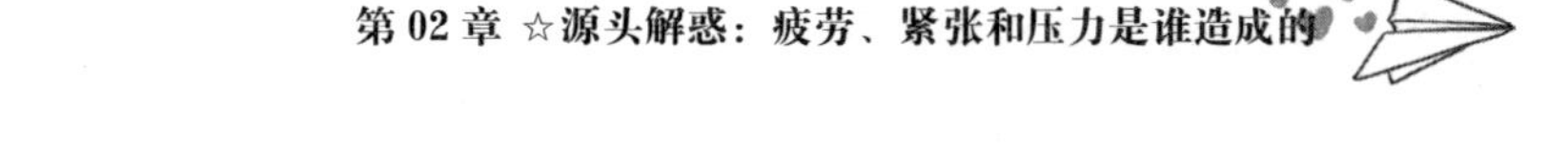

情感方面的原因，不过身体的紧张会让肩膀酸痛，因此而带来精神上的疲惫。

3. 保持自省的习惯

每天保持自我检查的习惯，至少5次，比如问自己："我是否使用了与工作无关的肌肉，自己是否让工作变得比实际上更繁重。"养成自我检查的习惯，无疑于养成自我放松的好习惯。

4. 了解自己的疲惫状态

工作一天之后，需要及时了解自己的疲惫状态，即到底有多累。假如这一天感觉非常累，那就应该反思自己一天的工作是否有欠缺。当一天结束的时候，问自己："我到底有多累？假如我感到劳累，这不是我过分忧虑的缘故，而是因为我自己做事的方法错了。"

减压启示：

不要过多强调自己有多疲惫，而是选择如何放松全身？有人或许会问是先从思想上放松呢，还是心理上放松？在这里，我需要告诉大家的是，应该先放松肌肉。当我们需要放松眼部肌肉的时候，可以让身子往后靠，闭着双眼，然后告诉自己："放松！别紧张！放松！别紧张！别皱眉！放松！"假如我们可以重复这个动作一分钟，那双眼马上就可以放松下来。

坏情绪会带来压力

众所周知，情绪比生理更容易形成疲倦感。约瑟夫·巴马克博士曾做过这样一次实验：当时巴马克博士安排一大群学生参加了一系列的测试，而且这些工作都是他们厌恶的。结果，每个学生都感觉累、头疼、眼睛疼，而且总是打瞌睡、想发脾气，甚至有几个人的胃也产生不适的反应。当然，这些学生身上的不舒服感并非他们想象出来的。巴马克博士通过给他们化验得出了这样的结论——当一个人烦恼的时候，他身体的血压和氧化作用会有所下降。换言之，当人们面对自己不喜欢的工作时，他就会感到厌烦。而一旦他们发现自己感兴趣的工作，他们新陈代谢作用就会加速。所以，消极情绪本身是会带来压力，当坏情绪袭来，人们便会感觉到压力重重，几乎喘不过气来。

吉姆是一位年轻的汽车销售经理，他的前途充满了无限希望。但是，吉姆的情绪却非常绝望，意志消沉，他觉得自己要死了。甚至，他开始为自己挑选墓地，为自己的葬礼做好了一切准备工作。其实，吉姆的身体只是出了一点小问题，有时候会呼吸急促，心跳很快，喉咙梗塞，医生规劝：“你只需要坦然处理生活，退出自己热爱的汽车销售行业就行了。”

吉姆在家里休息了一阵子，但是，他还是满是焦虑和恐惧，于是，他的呼吸变得更加急促，心也跳得更快，喉咙依然梗塞。这时，医生劝他到外面去透透气，吉姆照做了，但依然无法阻止内心的焦虑和恐惧。一周过去了，吉姆回到家里，他感觉死神快降临了。朋友告诉吉姆：“赶快打消你的猜疑！如果你到明尼苏达州罗切斯特市的梅欧兄弟诊所，你就可以彻底地弄清病情，而不会失去什么，赶快，立即行动。”吉姆听从了朋友的建议，他来到了罗切斯特，实际上，吉姆担心自己会在路途中突然死亡。

在梅欧兄弟诊所，医生给吉姆做了全面检查，医生告诉吉姆：“你的症结是吸进了过多的氧气。”吉姆先是一愣，然后大笑了起来：“那真是太愚蠢了，我怎样对付这种情况呢？”医生说：“当你感觉呼吸困难、心跳加速的时候，你可以向一个袋子呼气，或者暂时屏住气息。”医生递给吉姆一个纸袋，吉姆照办了，结果，他发现自己的心跳和呼吸都变得很正常，喉咙也不再梗塞了。当他离开诊所的时候，已经变得容光焕发，原来这一切的症结都是因为内心的焦虑和恐惧。

焦虑和恐惧就是一种压力，长期的焦虑和恐惧会让我们相信，某个想象中的事情变成现实，然而，就是在这样的消极心理中，那些预感中会发生的事情还是发生了，到最后，我们的焦虑和恐惧越来越严重，以至于身体真的出现了疾病。在这里，告诫大家：心理不健康，诸如焦虑或恐惧会形成压力，进而导致我们的身体不健康。

事实上，在生活中，我们的压力经常不是因为工作引起的，而是忧虑、挫折和怨恨。假如你所做的是费心的工作，那促使你感到疲惫的是你讨厌这份工作，而非繁重的工作量。有时候我们都会有这样的经历：工作一天好像什么都不对劲，工作总是做不好；那些该回复的邮件没有及时回复；本来和女朋友约好的，结果自己却因为工作未能赴约……总之，感觉生活到处都是麻烦。结果，下班的时候，你感觉今天没有一丝收获，而且感到筋疲力尽，头痛欲裂。不过，到了另外一天，你情绪比较好，工作效率几乎是之前的几十倍。即便工作一天回到家，你却感觉不到累，反而觉得精神百倍。

1. 执着坏情绪会上瘾

当一个人总是沉浸在坏情绪中，时间长了是会上瘾的，这就好像吸毒一样。比如，失恋的女孩子总会想办法去打探前男友的消息，总也控制不住自己，一旦有渠道可以听到前男朋友的消息，她就兴奋，听到消息之后，或悲伤或高兴，但更多的是把她带到过去痛苦的感情世界里，结果，她越是强迫自己忘记，越是深陷其中。

2. 人总是可怜地想破罐子破摔

一旦一个人被负面情绪所困扰，在他体内全是负能量的冲撞，那他已经开始放弃自己了。不管怎么样，我们永远需要认清一个事实，那就是在这个世界上，没有谁可以打败自己，除了你自己。假如你总是画地为牢，将自己牢牢设限在某个位置，破罐子破摔，那你永远走不出来。

减压启示：

相对坏情绪而言，积极情绪给人向上的信心和希望，鼓舞人不断地追求幸福生活。现代社会是一辆疾驰的列车，它更需要能量的驱动，坏情绪就好像是劣质的汽油，会对列车造成致命的伤害，甚至引发故障而抛锚，因此，我们只有拥有更多的好情绪，列车才能安全地驶向远方。

塞利格曼效应，谁制造了绝望

通常情况下，人们捕捉到的是小象，他们把小象养在木桩制成的范围内。小象小时候曾想过逃跑，但是，那时候它们力气还小，无论如何用力都对付不了木桩。时间久了，在小象内心深处就树立了一个牢固的信念：眼前的木桩是不可能被扳倒的。即使小象长大成为了大象，它已经有足够的力量去扳倒一棵大树，但却对圈禁它的木桩无能为力，这是一个奇怪的现象。这种现象就是“赛里格曼效应”。通常是指动物或人在经历某种学习后，在情感、认知和行为上表现出消极的特殊心理状态。

美国心理学会主席塞利格曼曾做过这样一个实验：刚开始把狗关在笼子里，只要蜂音器一响，就给狗难受的电击，狗关在笼子里逃避不了电击，多次实验之后，蜂音器一响，在给电击前，先把笼门打开，这时狗不但不逃，而是不等电击就先倒在地上开始呻吟和颤抖，本来可以主动地逃避却绝望地等待痛苦的来临。塞利格曼把这种现象称为“习惯性无助”，那么，在人身上是否也存在着这一特性呢？一旦沾染上“习惯性无助”的人会内心给自己筑起一道永远的墙，他们坚信自己无能，放弃了任何努力，最后导致失败。

不久之后，塞利格曼进行了另外一个实验：他将学生分为三组，让第一组学生听一种噪声，这组学生无论如何也不能使噪声停止；第二组学生也听这种噪声，不过他们可以通过努力使噪声停止；第三组是对照，不给受试者听噪声。当受试者在各自的条件下进行一阶段的的实验之后，又令他们进行了另一种实验。实验装置是一个“手指穿梭箱”，当受试者把手指放在穿梭箱的一侧就会听到强烈的噪声，但放在另一侧就听不到噪声。通过实验表明，能通过努力使噪声停止的受试者以及对照组会在“穿梭箱”实验中把手指移到另外一边；但那些不能使噪声停止的人仍然停留在

远处，任由噪声响下去。这一系列实验表明“习惯性无助”也会发生在人的身上。

习惯是一种自然，人们不自觉地沾染上习惯性无助，就会有一种“破罐子破碎”“得过且过”的心态，而且，这种消极心态还有可能会感染给他人。有的员工在向客户打电话的时候，电话还没有接通就开始说：“你们没有这个计划啊？那好，再见。”脸上没有失望的表情，似乎已经习以为常，即使上司告诉他“这个单子你去跟一下”，他也会无奈地表示：“跟了也没用，他们没兴趣的。”这些都是生活中典型的“习惯性无助”，也许他们就是我们的一个缩影。

有一天，心理学教授罗伯特先生接到了一个高中女孩的电话，在电话里，女孩子带着沮丧的口吻重复着：“我真的什么都不行！”罗伯特教授感觉到她的痛苦与压抑，他亲切地询问：“是这样吗？”女孩好像对自己特别失望：“是的，我和同学的关系不好，大家都不喜欢我，我的学习成绩一般，老师也不正眼瞧我，妈妈把所有的希望寄托在我身上，但我却无法满足她的愿望，我喜欢的男孩也不再喜欢我了，我已经感觉不到生活里的阳光了……”罗伯特教授追问：“那你为什么要打这个电话？”女孩继续说：“不知道，也许是想找个人说说话吧！”经过了一番交谈，罗伯特教授明白了女孩的问题——习惯性无助，却又缺乏鼓励。假如一个人长时间在挫折里得不到鼓励与肯定，那真的会逐渐养成自我否定的习惯。

接着，罗伯特教授说：“我觉得你有很多优点，有上进心、是个懂事的孩子、说话声音很好听、很有礼貌、语言表达能力强、做事情认真、能够与人沟通……你看看，我们才聊了一会儿，我就发现你有这么多的优点，你怎么能说自己什么都不行呢？”女孩惊讶地问：“这能算优点吗？没有人这样说过呀？”罗伯特教授回答说：“从今天开始，请把你的优点写下来，至少要写满10条，然后，每天大声念几遍，你的自信心会慢慢回来，要是发现了新的优点，别忘了一定要加上去啊！”

教授罗伯特先生这样告诉他的学生：“在我们的身边，可能也有许多像这个女孩一样，在经历过挫折之后就觉得自己什么都不行，但是，我希望你们今后彻底打消这种念头，无论什么时候，在做任何事情之前，都不要急于否定自己。”

1. 经常说自己不行，最后真的不行

经常把“我不行”“我不能”挂在嘴边，这样子是愚蠢的做法。因为心里暗示的作用是巨大的，当自己在经受某个挫折就断然给自己下结论“不行”，实际上是给自己一个消极的心理暗示，时间长了，你真的会习惯性地说“我不行”。

2. 可怕的不是环境，而是面对失败的态度

多次失败之后，人们成功的欲望就减弱了，甚至会习惯失败而不采取任何措施。其实可怕的不是环境，不是失败本身，而是这种无能的感觉，我们面对失败的态度！当习惯成了自然，习惯性无助就会粉墨登场——破罐子破摔，得过且过，从而成为侵蚀组织躯体的蛀虫。

减压启示：

人们常常在经历了一两次挫折之后，就好像失去了挫折免疫能力，他们对于失败的恐惧远远大于成功的希望，由于怀疑自己的能力，使得他们经常体验到强烈的焦虑，身心健康也受到影响。而且，他们认定自己永远是一个失败者，无论怎么努力都会无济于事，即使面对他人的意见和建议，他们也还是以消极的心态面对生活。对这样的心态，我们应该尽量避免，正确评价自我，增强自信心，让心坚强起来，摆脱无助的境地。

不要总觉得自己是个焦点人物

生活中，有的人习惯与自己过不去，不断地苛责自己，他们最常用的方式就是把自己当焦点，注意自己的一言一行，好像有了一点点疏忽，自己就成了大罪人一样。其实，他们都忽略了，自己就好像在不断地讨好身边所有的人一样，如果看见别人的眼光不一样了，他就觉得内心恐惧，

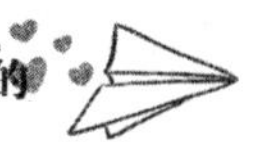

一种莫名的担心就来了：我是不是做得不够好？实际上，生活中，每个人有每个人的生活方式和言语行为，根本没人在意你今天说了什么，做了什么，千万不要一厢情愿地把自己当成焦点。如果你觉得别人在观察你，注意你，在意你，那也是因为你太过较真了，每天人们都有很多事情需要考虑，他们根本没有多余的时间和精力来观察你到底说了什么，做了什么，或者说哪些事情没做好。

小资是一名歌手，以前，她也有过抱怨的时候，每次上节目，她都会抱怨："自己太辛苦，实在受不了压力太大的生活，有时候很在意歌迷和媒体的看法和评论，我一年发行两张专辑，但是，自己又想把工作做得更好，这样的工作量简直令我崩溃。"以前的工作时间安排得很紧，如果白天上通告做宣传，晚上，还要去录音棚完成下一张专辑的录制，这样的生活超出了小资可以承受的范围，每天，她都感觉到很累，但是，心中的怨气却无处诉说。最后，在内心快要崩溃的时候，她选择了退出歌坛。

在四年的休息时间里，小资做自己喜欢的事情，她说："以前大家都是看我怎么变化，现在我是用自己的脚步来看大家的改变。虽然，现在我年纪大了，似乎变得老了一些，但是，年龄并不是我能掩盖的东西，我也想永远年轻，这不是我能控制的，可我却懂得了这就是时间给我的礼物。在我成长的过程中，我得到的最大一份礼物是不用费劲去证明，只需要做自己喜欢的事，跟着自己的步伐，在以后的时间里，如果我能完全坚持自己的选择，那就是最好的生活。"或许，年龄对于小资来说，似乎大了一些，但是，正是这样一个年龄，是一个不需要去在意任何人眼光的阶段。最近，小资复出工作，在工作上，她已经与唱片公司达成了一致的意见，不需要拿任何事情炒作新闻，也不需要为了赢得名气而虚报唱片的数字，自己可以自由自在地唱歌，这是小资最喜欢的一种状态。

她这样告诉所有的媒体："我不在意任何人的眼光，我不是焦点，我只需要做自己喜欢的事情。"一个人若是较真地将自己当成了焦点，他就会以人们心目中的标准来要求自己，他们很担心自己不能让所有的人满意，害怕在做错一件事之后受到大家的责备。即便没有人会在意，但他们内心已经背负了沉重的包袱，因为太过较真，所以活得很累。

小雨是店里新来的营业员，她是一个小心翼翼的女孩子，就连说一声："你好。"她都会微微点头，唯恐自己的言行让店长不太满意。其实，对于这样一个谦和有礼的女孩子，店长是很喜欢的。

小雨并不明白店长的心思，她每天都在担心自己的工作做得不够好，担心自己做错了事情。有一天，她在摆弄蛋糕的时候，不小心手抖了一下，小蛋糕摔在了地上，小雨害怕得眼泪流了下来，店长急忙安慰："没事，没事，一会让师傅重新做一个。"可小雨心里好像背上了一个沉重的包袱，总在担忧这件事：店长会不会因为这件事辞退我，我怎么这样笨呢？其他人工作总是做得那么好，可我……她越想越泄气，每天忧心忡忡，接连着工作出现了很多纰漏，店长疑惑了，这样一个女孩子到底为什么烦心呢？

在店长的再三开导下，小雨才道出了自己的心结，店长听了有些哑然失笑："这都是一些小事情，值得为这样的事情担心吗？工作中犯了一点小错，没有人会在意的，因为大家都在关注工作的事情，没有人会关注你，当初我当实习生的时候，犯下的错误更多，但我从来不担心，因为犯错了才能更好地改正错误，不是吗？"听了店长的话，小雨顿时觉得豁然开朗，自己并不是焦点，又何必去在意别人是怎么看的呢？

因为太在意别人的目光，我们的言行都会小心翼翼，如履薄冰，好像心中揣着一个炸弹，随时准备着逃跑，这样整日忧心的日子有什么快乐可言呢？其实，将自己当成焦点，那不过是自己在与自己较真，实际上根本没人会在意你的言行。

1.你不需要让所有的人都满意

大多数人都有这样的经历：上学的时候，父母总是指着隔壁的孩子说："瞧瞧人家，成绩多优秀，你得向他看齐。"大学毕业了，父母长辈都说："还是当个老师，或者考考公务员，这才是铁碗饭，其他的都不是什么正当的工作。"工作的时候，上司总是告诉你这样不对，那样不对。我们生活的最初点，似乎都是在让所有的人都满意，而从来没有让自己满意过。事实上，我们要懂得这样一个道理：你不需要讨好所有的人，只有自己喜欢才是最重要的。

2. 做自己喜欢的

生活中，什么是快乐？其实，快乐很简单，就是做自己喜欢的事情，如果我们太过在意别人的眼光，在这个过程中不自觉地将自己当成焦点，那只会让自己身心疲惫。因此，学会做自己喜欢的事情，享受自己生活的世界，没人会在意你做了什么。

减压启示：

只要不是太大的事情，通常情况下人们是不会在意的，任何人都不会成为大家的焦点，因为每个人的焦点就是他们自己。因此，不要苛责自己，也不要太把自己当成焦点人物，如果在做事情过程中有了一点疏忽，不要自责，因为没人会在意。

第03章 时代剖析：现代人生活的压力源自哪里

人们的心理压力表现为工作紧张、事业受挫、家庭不和谐等现象，这些压力往往郁积在人们的内心深处，如果得不到及时调试，轻则心情沮丧，陷入绝望；重则身体也会出现不适。那么，对于现代社会的不同人群来说，压力源究竟在哪里呢？

剩男剩女：逼婚的压力

在父母那一代，20岁左右就结婚生子了，而现在的年轻男女到了30岁都还不结婚，这两代人之间的鸿沟越来越大。随着年龄的增长，父母催促剩男剩女早点结婚，即便是在平日生活中也经常有意无意地提起婚姻的话题，这给剩男剩女们带来了极大的家庭压力。在耳边经常听到的就是父母关于婚姻的话题："你年纪也大了，应该考虑婚姻问题了。"这样的话不是偶尔听到，而是经常听，天天听，时间长了，一旦听到这样的字眼，就触动了剩男剩女的敏感神经。在家庭压力的重压下，他们长时间地承受着社会和内心的压力，容易造成一定的心理问题，他们害怕谈论恋爱和婚姻问题，不喜欢别人的指指点点、冷言冷语，多次相亲未果，恋爱不成，他们就开始怀疑自己，认为自己找不到对象，但又不甘心将就条件一般的对象，心里就一直这样矛盾着。这时候，如果家里再上演"逼婚"这样的剧目，那他们就有可能因压力作出仓促的决定。

每每到了回家的日子，剩女们总是心惊胆战的，既想回家，又怕回家，怕回家就被父母念叨结婚的事情。尤其是老家是农村的女孩子，在农村凡是超过20岁的女孩子就算是大龄剩女了，在父母的眼里，这样的年纪已经很难找到合适的对象了，因此，父母特别着急，他们将自己内心的焦虑转化成对女儿的念叨和逼婚，有的父母甚至骗女儿回家相亲，这样的情节几乎在每个家庭里上演过。

小瑶今年25岁了，在老家也算是大龄剩女了。每次接到父母的电话，无非就是那句话："最近相亲没？遇到合适的就嫁了吧。"搞得小瑶烦不胜烦，不仅如此，每次去亲戚家，都会受到亲戚的"教导"："小瑶，你今年也有25岁了吧，年纪算大了，赶紧找个合适的对象，看你爸妈整天为

你的事情担心，吃不好、睡不好的，他们年纪大了，把你培养成人，现在不是该让他们安心的时候吗？你早点把事情解决了，他们也少操心。”每到这时，小瑶就要抓狂了，虽然，对于这样的劝说很反感，但心里涌现出一种对父母的愧疚感。

小瑶经常对朋友说：“你说我是不是应该快点去找个合适的男人嫁了，否则就对不起父母？”虽然，朋友好言相劝，但小瑶始终被这样一个问题困扰着。她觉得，自己不应该那么任性了，以后相亲时就听父母的吧。

在后来的相亲中，小瑶不再那么排斥了，也听了父母的意见。不到两个月就相到了一个“合适”的，之所以说合适，是因为男方的工作、家境都顺了父母的意，而两人之间也不太反感，就试着交往了。交往半年，双方家庭开始催婚了，小瑶就这样被送进了围城。

婚后，小瑶才发现那个男人根本不是自己想要的，没有什么共同语言，整天除了回到同一所房子，几乎没什么别的事情。她才意识到自己当初的仓促，但为时已晚，现在也不能着急离婚，因为怕父母担心。

生活中，一些剩男剩女们会经历这样的过程，先是反感父母的催婚，后来不堪家庭的压力，他们妥协了。凡事都听父母的，让父母一手去安排，父母觉得合适的，他也不说话了。最后，按照父母的眼光，找了一个各方面都“合适”的对象，把婚事办了，结婚之后才发现自己的幸福已经被毁了，但为时已晚。其实，越是剩男剩女，越需要抗住家里的压力，毕竟，结婚是人生大事，不能仓促进行，而是需要选择一个合适的对象。

1. 积极参加社交活动

在父母的压力下，剩男剩女也要积极参加社交活动，创造与异性沟通的机会。剩男剩女可以利用自己的业余时间学习烹饪、运动，去健身房，练习瑜伽和交际舞，参加单身派对等活动，这样不仅丰富了自己的业余生活，还增加了认识和了解异性朋友的机会，这比起父母安排的相亲、亲朋好友的介绍而言更合适，从其中去选择自己的另一半，建立在这种深入了解基础上的婚姻会更稳固。

2. 与父母好好沟通

父母与孩子在婚姻大事上通常不能达成统一的意见，父母看重对象的工作是否稳定、工资是否高、家境是否好，而剩男剩女则看重对方的外貌、品行等方面。对于这样的分歧，应需要与父母好好沟通，尽量达成统一的意见，需要让父母明白："感情是两个人过日子，它所需要的是内在条件，而不是外在硬件。"当遇到与父母不同意见的时候，一方面可以说服父母，另一方面也可以适当听从父母的意见，毕竟父母也是为了孩子的幸福着想。

减压启示：

大多数剩男剩女是因为社交圈比较狭窄才剩下来，所以平时要积极参加一些社会活动，如朋友的聚会，给自己创造机会，克服等待心理，主动出击，扩大自己的交际圈。对于父母及身边亲戚给予的压力，要适时缓解，不要在强压之下变得对婚姻毫无看法，毕竟最后的婚姻生活是需要你自己经营的。

忘年恋真的能长久吗

近几年，陆续有"爷孙恋""老少恋""母子恋"这样的新闻曝出，年龄相距大的恋爱组合比以前更为常见，但如此年龄的落差还是引来了不少关注。这些"老少恋"经媒体报道之后，受到舆论的压力，往往不能求得一个很好的结果。而这些当事人，双方均承受着常人难以想象的巨大压力。

陶老太和颜松同住在一个村子，9年前，陶老太家的一个音响坏了，背到镇上没修好，无奈找到同村小伙颜松。28岁的颜松虽然没上过一天学，还患过小儿麻痹症，手脚不便，但他却凭兴趣，靠问老师傅、看光碟学来了修理技术。很快，他就将音响修好了，工钱分文不收。

从此，陶老太开始对颜松另眼相看：这位小伙子虽然身有残疾，但头脑聪明，为人不错。颜松也认为，陶大姐会关心人，心地善良。爱情的种子在两人心里悄悄发芽了，他们开始频繁往来。可是他们的年龄相差太多，闲言闲语一时传得沸沸扬扬。陶老太的儿子激烈反对，母亲的行为让他在村里抬不起头；颜松的母亲与姐姐也非常不理解，认为颜松自己都难养活，还要找个老太婆当老婆，完全是找拖累。

于是，两人商量决定远走高飞……

从世界各地收集的数据表明，几乎所有的男人都渴望与年轻女人结婚，而女人则渴望与年长男人结婚。在很多年轻女人看来，年长一点的男性阅历更丰富、思想更成熟、更有智慧和魅力，同时更懂得照顾和体贴人；而在年长者看来，年轻女性充满青春活力和好奇心，跟他们在一起生活充满了乐趣。“忘年恋”从某个程度来说，让女人变得更成熟，而让男人变得更年轻。

心理学家认为，老少恋除了要克服年龄差距外，更要有心理准备接受“老少恋”带来的闲言闲语。双方开始一段年龄差距较大的恋情前，必须要谨慎对待，否则变得复杂，特别是当恋情以分手告终，其中一方会难以接受、充满怨恨甚至失去理智。

通常一段“老少恋”，所面对的是重重的阻力。

首先是流言蜚语。双方年纪差不多，或者一方略大，这是目前婚姻中的常态。而老少恋年龄差距太悬殊，在身边人看来，一方可以当另一方的长辈，而却如此组合，一定是有什么企图。而若是男方娶娇妻，则会被说成“老牛吃嫩草”，那么以后的婚姻生活必定伴随着许多不理解的眼光以及无数的流言。

其次是沟通上的隔阂。通常人认为两人年纪相仿，有差不多的社会经历，会比较容易找到共同的话题，更容易沟通。但老少恋隔着时代，不同的成长背景以及社会阅历，让两个人在思维上存在较大的差异，在沟通上必定存在难以逾越的鸿沟。

最后是生活上的问题。当一个人正值青春年华，而另一个人正在老去。尽管双方之间存在着所谓的爱情，但难以避免的是，其中一个必然要早离开人世，这自然是令人难过的。而在夫妻生活上，这样的搭配也难以和谐，许多老少恋在激情之后慢慢转淡，其中有一方情感出轨也是很正常的。

那么，老少恋该如何来应对这些压力呢？

1. 拥有强大的内心世界

老少恋本身就需要冲破世俗，毕竟选择一个年龄差异巨大的人是需要很大的勇气。除了平时能够抵抗各种流言蜚语，还需要承受另一半先老去的心理压力。而除此之外，对年龄差距所造成的夫妻生活不协调，这更需要强大的抗压能力。

2. 以相爱为基础

每一段婚姻都应该以爱情和自愿为基础，假如其中一方是因为金钱、名利、地位、虚荣、寂寞、报答或者冲动而结婚，那这段婚姻是不会有一个好结果的。尤其是当这种利益关系不再或感情变淡或生理心理无法满足的时候，婚姻就会面临破碎的结局。

3. 互相包容

在这段恋情里，双方需要互相理解包容。这个是相互的，但相对而言，需要年轻的那位更能理解和包容。毕竟当初因为爱情选择在一起，那就应该接受现实，尊重对方，也需要欣赏对方的优点并及时地给予赞美，包容各种差异。

减压启示：

我们一直相信，在真爱面前，年纪绝对不是什么问题。而老少恋在现代社会也不足为奇，不过这并非婚姻的常态。所以，在选择这样的婚姻之前，一定要认真思考，充分考虑自己是否能够承受各种压力及差异。当然，一旦选择了这段感情，就要用心经营婚姻，守护自己的幸福。

我究竟适合做什么样的工作

如何找到适合自己的工作？遗憾的是，生活中的大部分朋友根本不知道自己适合什么样的工作。现在的年轻人在寻找工作时会犯下严重的错误，如现在的年轻人会花更多的时间和金钱在那些时装上面，事实上那些衣服在几年之后就会坏掉，而且将会被扔掉。他们根本不会关心自己的未来，很少关心作为整个未来的幸福和内心平静基础的事业，甚至他们根本不清楚自己想做什么，这样的现象真的非常令人意外。

现代年轻人最大的悲剧在于他们根本不知道自己想做什么，这些刚刚大学毕业的年轻人拥有学士学位，或者拥有硕士学位，不过他们却说：请问我可以为你的公司做些什么？这些每天只知道工作，最后只拿到工资的年轻人真是可怜。既然他们对自己想做什么工作都根本不知情，那又怎么会对这份工作感兴趣呢？

你或许不知道，一份适合的工作可以展现出自己最大的价值。

大卫·奥格威曾当过推销员，做过农夫，当过外交官。他移居在美国，同时却不断往来于欧洲大陆。年轻时的奥格威雄心勃勃，他有两个梦想：一是拥有一部劳斯莱斯汽车，一是获得爵士爵位。于是，每到黄昏的时候，他都会去英国国会下议院，坐在观众席里倾听别人讨论，他渴望自己有一天也能参加这里的讨论。

但是，突然有一天，奥格威发现自己对这一切失去了兴趣，他对自己说："这里并不适合我。"然后，他就站了起来，以一种坦然而轻松的心情走出了下议院，解脱之后，他的内心却充满了焦虑：自己38岁了，还能够使生命辉煌吗？没过多久，奥格威创办了一家广告公司，经过多年的发展，他被誉为现代广告的"教皇"。

大卫·奥格威找到了适合自己的工作，演绎了精彩人生。奥格·曼蒂诺曾这样写到："我们的命运如同一颗麦粒，有着三种不同的道路。一颗麦粒可能被装进麻袋，堆在货架上，等着喂给家禽；有可能被磨成面粉，做成面包；还有可能撒在土壤里，让它生长，直到金黄色的麦穗上结出成千上百颗麦粒。人和麦粒唯一的不同在于：麦粒无法选择是变得腐烂还是做成面包，或是种植生长。而我们有选择的自由，有行动的自由，更有心的自由。我们不该让生命腐烂，也不该让它在失败、绝望的岩石下磨碎，任人摆布。"悠悠生命历程里，我们只有找到适合自己的工作，才能展现出自己的人生价值。

关于如何找到适合的工作，这里有几点建议：

第一，向就业指导中心求助。或许你可以向有关咨询师或就业指导中心进行咨询。就业指导中心，作为一种新型的职业，或许尚未发展完善，甚至还没有登上较大的平台。不过，这个行业的前景还是比较广阔的，毕竟有那么多人不知道自己应该做什么。所以，假如你还在为寻找合适的工作而烦恼，那不如寻找自己所在社区的职业指导中心，希望他们可以给你合理的建议。

第二，发掘自己的优势。当你已经决定开始从事某个行业，那你需要花费几个星期，或者花费几个月的时间寻找到自己在这个行业的优势。至于如何寻找，你可以向那些在这个行业中工作了十年、二十年或是四十年的前辈们请教。

第三，你不只适合一份职业。你觉得自己只适合一个行业？当然不是。成功大师卡耐基就是一个活生生的例子：假如他可以通过学习，然后做好一切准备，他相信自己能够在这些行业中做出成绩，比如农业种植、水果栽培、科学耕种、医药、销售、广告、地方报纸的编辑、教育和林学。

减压启示：

正是因为许多人不知道自己可以做什么，想做什么，结果一生碌碌无为。尽管曾经怀揣着远大的梦想，拥有玫瑰花般的年纪，最后剩下的不过是过度的疲惫以及崩溃的精神状态。当然，在这里需要额外说明一点，选择合适的职业对身体健康非常有益。

为什么职场关系如此复杂

10月10日是世界精神卫生日，统计数据显示，目前我国100个人中，就有6个人是抑郁症患者，其中以25~40岁的年轻人居多。专家提醒，人际关系与职场压力已成为年轻人患焦虑、抑郁等疾病的首因。所谓职场如战场，造成上班族工作压力的原因中，“人际关系紧张”已经排在压力源的第一位。作为职业者，每天的工作已经非常繁忙了，但每天令人们头痛的依然是：为什么同事和老板都那么不好相处？

拿破仑曾说：“不想当将军的士兵不是好士兵。”在职场生涯中，每个人都希望成为将军，哪怕不是将军，也要为自己谋得一官半职。那么每个步入职场的人首要面对的问题，则是善于沟通，创造办公室的和谐环境、营造良好的人际关系网，不管是新入职场的年轻人，还是职业遭遇瓶颈的长老们，这都是非常不容易的。

总公司的销售经理王乐最近才到分公司来指导工作，与下面的同事都还不是很熟悉。因此，她为了与同事之间建立融洽的关系，有助于进一步完成自己的工作，她在来公司的一个周末就邀请同一个部门的同事一起吃饭。

大家在吃饭的时候，不知道是谁无意间谈起来了一位刚刚离职的副总经理张慧，入职不久的小李心直口快地说张慧脾气不好，经常无故对下属发脾气，很难相处。王乐这时候，插了一句：“是吗？是不是她的工作压力太大造成心情不好？”小李撇撇嘴，说：“我看不像是工作压力大的原因，30多岁的女人嫁不出去，既没有结婚的兆头也没有男朋友，老处女都是这样的，显得有点心理变态。”说完，一个人笑了起来。可是，在座的同事听了小李的话，刚才还争相发言的同事都闭上了自己的嘴巴。因为，除了入职不久的小李，那些很多在座的老员工可都知道，王乐也是一位还

没有结婚的老姑娘。这时，好在一个位同事及时转换话题，才抹去了王乐隐隐的难堪。

饭后，小李从老员工那里得知了事情的真相，不禁为自己那句话悔青了肠子。

从这个案例可以看出，职场成于沟通亦败于沟通。人际沟通是一个复杂的心理和社会过程，在大部分组织中，沟通不畅是其面临的一个基本问题。从人际误解到财政、运营和生产问题等，无不与沟通低效有关。而这种沟通不良主要来自于两个方面：一个是从上到下的沟通障碍，另一个是从下到上的沟通障碍。

职场人际关系的压力对于职场新人而言尤其表现突出，刚进职场的新人对于职场上许多规则都是陌生的，容易出现说错话、鲁莽、急于表现的情况，这样很容易引起别人的反感甚至敌意，给领导和同事们留下一个轻浮的印象。而在事情尚未弄清楚的时候，做出一些不合时宜的事情，这样会得罪身边的同事和领导。

那么，如何来缓解这种职场人际关系的压力呢？

1. 倾听同事抱怨，但不要被坏情绪感染

那些喜欢抱怨和消极的同事总是令人讨厌，不过如果完全不搭理会被认为自己很无情，所以当同事抱怨的时候，自己可以怀着同情心倾听，但不要被对方的坏情绪所感染。在倾听过程中，可以在合适的时间打断对方，问对方解决问题的方法。

2. 不要纠结于小事情

在工作中坚持原则很重要，不过事无巨细地过分坚持，则会让你消耗太多的精力。通常高情商的职场人懂得保持精力的重要性，他们只选择那些有把握且关键问题做出适时的调整，同时坚持自己的观点。

3. 对同事的无理取闹予以不理

通常一些不靠谱的同事会把你逼疯，因为他们的工作方式不符合逻辑。不过你用不着那么认真地予以回应，哪怕对方正在做无理取闹的事情，采取置之不理的态度反而是最好的回应。

4. 不用那么在乎同事的评价

同事的评价或许会给自己带来成就感和满足感，不过别把这些评价当成自我认可的唯一理由，更不用反复地将自己与他人作比较，毕竟你的自我价值是源于内心的东西。

5. 不要喝太多咖啡

咖啡会促使肾上腺素释放，它是攻击或逃避反应的来源，它可能让你遇事后快速反应，但也可能让你回避理性思考。所以当工作很累的时候不要硬撑着，不要喝太多的咖啡，只有好好休息才能恢复精力。

减压启示：

建立和谐的人际关系要善于选择沟通方式，随着互联网的普及和电信的发展，电子邮件、短信、即时通信成为人们沟通的新方式。对于职场中人而言，沟通方式的增加以及新的沟通方式的方便，并不意味着放弃传统的沟通方式。这就要求我们在处理不同工作时，考虑哪种沟通方式更利于解决问题，只有运用正确的沟通方式，才能达到自己想要的结果。

“负翁”：超前消费带来的经济压力

当今社会，在市场经济条件下，当人们的消费欲望超越了自己的购买力时，超前消费就应运而生了。最初，超前消费的观念是来自于西方国家，而那时所有的中国人都习惯于把钱放在银行或者地窖里，辛苦存一辈子的钱也说不清楚自己究竟想要什么。后来，西方超前消费的观念慢慢进入了中国人的视野，人们发现原来生活还有另外一种方式，即便是背负着债务，还是可以活得很潇洒。于是，由开始的质疑到后来的接受，如今，这样的字眼儿更成为了人们的口头禅。年轻人风靡于办各种各样的信用卡，上班族开始考虑通过向银行贷款买房买车，人们成为“房奴、车奴”，但却乐在其中。但是，在这个过程中，有人也提出了反对的声音

“超前消费葬送了美国人的梦想”，似乎那还历历在目的金融风暴就在眼前。人们对“超前消费”的生活方式也开始矛盾起来，有人不甘愿当一辈子房奴，但迫于现实还是乖乖就范了。其实，超前消费也是有利有弊，把握不好就往往沦为自己所追求的消费品的“奴隶”，因而，面对超前消费，我们更需要量力而行，把握好适合自己的度。

阿美，公务员，月收入3000元。去年11月，阿美如愿按揭了一套房子，拿到钥匙的当天，阿美如释重负：我终于不需要再租房了，我终于迈进有房一族了，我终于是房子的主人了。

然而，月供1715元的房贷让阿美气喘吁吁，承受着“一天不工作，就会被世界抛弃”的精神重压，不敢娱乐不敢生病，除了买书以外不敢高消费。自己的酸辛不足为外人道也，至此阿美终于发现，自己其实并不是风光八面的房主，而是货真价实的“房奴”。

阿美常常想，要是不买房，节省下来的钱足以使我的生活质量提升一个档次；要是不买房，节省下来的钱也足以让远游的自己多一份孝敬父母的心意；要是不买房，自己也势必活得更有尊严，不必承受许多原本不该有的精神重压。自己拥有了房子，却失去了幸福；自己得到了房子的同时也得到了压力，这真是一种悖论。有时，阿美不免这样问自己：买房难道是一种美丽的错误吗？特别是对于像我这种收入水平的人而言。但转念一想，要是不买房会怎么样呢？那就要持续租房。买了房子是“房奴”，不买房子是流浪一族。平衡两者之间的鸿沟，也许只能企盼房价下跌。

现在的房价一天比一天疯涨，大多数居无定所的年轻人决定了当房奴，在力所能及的情况下，过着比较拮据的生活。另外，房地产行业的利润高得让许多当事人都不好意思说出口，尽管阿美已经买了房子，但看到这样的情形，想必有一种复杂的情感。阿美的超前消费还算在自己的能力范围之内，即便是过得辛苦点，但自己已经不再流浪了，也就心安理得了。

“下个月又有3000元信用卡欠款要还，唉……”每月拿到刚发到手的5000元工资，章小姐一点也兴奋不起来，她都会皱着眉头盘算这有限的

5000元该如何分配，这个月才能躲过财务危机。

章小姐，是一个小资情调比较浓但又很精明的女人。为了保证自己的生活质量和品位不受影响，章小姐从内心里感谢发明信用卡的那个人。因为有了信用卡，她才得以实现她的理想生活——虽然收入一般，但名牌衣服、高档化妆品、数码相机、笔记本电脑、高档家具一样不少，这些都极大地满足了她的虚荣心。

通过信用卡消费，章小姐得到了很多超出自己消费能力的物品，但“天下没有免费的午餐”，债终究是要还的。章小姐越来越感觉到信用卡带来的还款压力已经让她透不过气来。最近章小姐总是感觉很郁闷：工作4年，只有几千元存款的章小姐，平均每个月收到三四份不同银行寄来的对账单，总还款额每月不低于3000元。而她每月的总收入也不过5000元左右，除了还信用卡之外，她还要应付房租、水电费、交通费用、社交活动费等，这让她时常感觉到财务紧张。对她来讲，信用卡导致的这些债务就像是一座无形的大山，压在她的心理上。

章小姐成为了名副其实的卡奴，且生活得如此劳苦不堪。究其原因，能把自己逼到这样的生活地步，并不完全是竞争激烈的社会现状，而是自己没能好好规划自己的人生事业，每天追求于小资情调的消费，迷迷糊糊地过着日子，随波逐流地选择并不适合自己的消费方式，以至于把自己逼上了“奴隶”的地位。如果章小姐想要摆脱这种束缚，那只有对自己的人生合理规划，摆正心态，清楚地认识自己的人生目标，选择适当的消费，舍弃奢华的消费，才能够驾驭好自己的人生。

近几年，“房奴”“车奴”和“卡奴”等一些新词汇开始悄然流行起来，虽然每个人嘴上都显得心不甘情不愿，但却乐得享受当下的生活。那些新颖而又独特的字眼进入了视野，实际上，广大的消费者已经成为了房子、汽车、信用卡的“奴隶”。当然，他们也拥有自己的办公桌、电脑，靠着赚取报酬，同时向某个或几个“债主”支付利息或无报酬的服务，那几个债主就是现实存在的房子、汽车、奢侈品，他们只能默默地承受着支付的压力。

1. 超前消费，必须是自己迫切需要的

知名的经济学家说：“适当的超前消费是可以，但必须是自己迫切需要的，而能通过合适的途径来还清这部分钱才行。”另外，从经济学上看，超前消费可以通过储蓄和贷款对消费进行跨期替代，实现自身效用最大化，这在某种程度上来说是合理的。

2. 超前消费不等于过度消费

但是，我们不能忽略超前消费所带来的弊端，那就是容易滋生盲目攀比，追求高消费，在偿还无力的情况下，做出违背道德甚至触犯法律的事情。所以，超前消费并不等于“过度消费”，必须控制在力所能及的范围之内。

3. 理性消费

在日常生活中，不要被银行或商家的促销手段冲昏头脑而盲目消费、冲动消费、过度消费，只购买自己需要的，控制购买欲望。理财是需要持之以恒的，平时调整自己的消费习惯，避免消费和自己的收入不匹配。一旦过度消费，不能如期按时还款，都将导致自己的经济状况变得更加糟糕。

减压启示：

如果当面对所购买的消费品在自己能力之外，即便是选择超前消费也填补不了那个无底洞，那么这时候你就应该质疑自己的消费方式了。控制那种消费的欲望，选择适当的超前消费，这才会打理好自己的财富人生。

担忧父母的健康和养老问题

据资料显示，从2000年到2007年，我国60岁以上的老年人口由1.26亿增长到1.53亿人，占总人口的比例从10.2%增长到11.6%，占全球老年人口的21.4%，相当于欧洲60岁以上老年人口的总和。相关数据显示，人口老龄化平均增长率高达3. 2%，约为总人口增长速度的5倍。对父母的赡养问题，中国青年报社调中心通过民意中国网和互动百科网，对1612人进行的一项调查发现，58. 3%的人选择让父母住在同一个小区或者附近，就近照顾；43. 5%的人愿意与父母住在一起，自己照顾；24. 8%的人表示父母在异地居住，定期看望父母；7%的人选择社区生活保姆，定期照顾老人；仅有6. 9%的人愿意把父母送到养老院等机构。通过调查，发现有九成的80后无法赡养父母，一半以上还需要父母资助。父母的健康以及养老问题，成为当代人的压力源之一。

在重庆某房地产公司工作的王小姐，正在和男朋友一起租房住。“现在父母还没退休，身体也还不错。除非我们将来有孩子需要照顾，否则他们也不太愿意过来。”

双方父母的健康问题是王小姐最担心的。“父母年纪大了，生个大病怎么办？以前还有兄弟姐妹轮流照顾，现在就夫妻两人，还要工作挣钱。我觉得国家应该完善养老制度，医疗保险能够异地流转，要不然看个病还要回老家的定点医院，老人怎么禁得起折腾？”

赡养父母的压力到底有哪些？调查显示，74. 1%的人表示生活压力大，照顾父母总是力不从心；68. 4%的人表示同时承担几位老人的养老负担；50. 1%的人表示与父母生活在异地，没办法把父母接到身边来照顾；42%的人表示不同城市的社会保障、医疗保险没办法互通；37. 7%的人表示养老院等养老机构令人没办法放心。

小丽是北京一名清洁工，来北京打工已有7年，年过七旬的母亲独自在农村生活。据小丽介绍，她的母亲身体很好，平时做饭、家务活都能干，每月领取养老保险金100多元。

自从几年前父亲去世后，小丽就很少见母亲有笑容，整天想着儿女能多回家看看她，给她买些东西。小丽说：“人老了就会争东西，主要是在村里其他老人那里有面子。”今年5月份回去一次后，小丽还没有再回去看过老人。“谁不想回去陪陪老人啊，可是没有休息时间，请假回去就会扣工资，为了生活只能这样了。”小丽无奈地说。

一位参加工作6年的人说："虽然我已经参加工作很长时间，但是消费压力很大，没有任何积蓄，目前完全没办法赡养父母。"大部分的子女确定自己没办法赡养自己的父母，其中有一半以上的还需要父母资助。只有少数的子女会坚持每月给家里寄钱；少数人的收入可以基本满足自己的生活，但没有多余的能力照顾父母；一些子女表示对父母有内疚之情。

针对赡养父母的压力，年轻人应该怎么做呢？

1. 每年定期带父母体检

事实上，全身体检并不会花费太多的钱，所以为了父母的健康，应该保持每年定期带父母体检，即使身体有什么疾病也可以及时发现，及时就医。养成每年体检的习惯，防患于未然，可以为疾病的突然降临缓冲一些时间。

2. 宠爱子女的同时别忘记父母

大部分人结婚生子后，总把孩子的事情放在第一位，经常会有意或无意地忽略父母的存在，比如不经常回家探望父母，不经常拿钱给父母，等等。有了孩子之后，更需要做到经常回去探望父母，这样可以给孩子做一个很好的榜样。

3. 为父母购买医保

在经济能力允许的情况下，可以为父母购买一份医保。现在国家政策对社保、医保全面普及，相关政策也渐渐落实。如果能有一份医保，对父母生病住院、大病治疗也有一定的补贴，可以减少自己的经济负担。

4. 每月可为父母定存养老金

可以向银行咨询养老金方面的信息，每月可定存两三百作为父母的养老金。这些举措可以在自己参加工作后就实施，这样一旦父母年事已高，或生病了可以备不时之需，防止突然的变故，自己无力承担。

减压启示：

尽管赡养父母的压力比较大，但作为子女应该牢牢记住自己的责任。在生活和工作之余，多回家看看父母，给予他们心理、情感方面的精神需要；从自己的小金库拿出一部分作为父母的养老准备，以备不时之需。

内心自观课：压力的承受力由心理决定

一个压力承受力强的人，往往比大多数人活得更成功；反之，一个压力承受能力差的人，则容易被社会和群体抛弃，而他则成为最先抛弃自己的人。这是为什么呢？心理学家认为，一个人的压力承受力是由其心理决定的。

恐惧，不敢跨出自我封闭的世界

在生活中，一些人饱受许多压力：讨厌面对人群或害怕面对人群，他们觉得恐惧、不好意思，对自己以外的世界有着强烈的不安感和排斥感。常常逃离人群，除了几个亲近的人之外，他们不愿意与外面的世界沟通。他们中大多都有人际交往障碍，心里有很多苦恼："我性格内向，不愿和别人交往，挺烦的，怎样才能做一个善于交际的人呢？"、"我是一个女孩，我想说的是，无论和男的还是女的说话时，我都不敢看对方的眼睛，手一会儿挠头一会儿揣兜，不知道该怎么办？"、"我太在乎别人对我的看法，和别人沟通时，我都担心别人怎么看我，尤其是面对比较重要的人，我还有点自卑"、"我觉得自己心理上有问题，很多时候很想跟别人聊天，但又不知道有什么好聊的，我很害羞，说话也不敢大声，我感觉自己好胆小好内向"。从这些心声中，我们可以看出他们中的大多数只是性格内向不善于交际，或是不懂得社交的艺术，而导致社交过程中出现不适，而并非他们不愿意与人交往。

艳艳今年17岁了，是一所普通高中二年级的学生，爸爸和妈妈都是大专毕业，在机关工作，家族都没有精神疾病的历史。因为家里就她一个孩子，全家人对她都很疼爱，不过，她爷爷对他要求严格，希望她将来可以做出一番大的事业。艳艳从小就很腼腆，不喜欢说话，家里来陌生客人了，她也是经常避而不见。在整个读书期间，她都没什么朋友，平时不上课就窝在家里。

但现在艳艳读高中了，她开始读寄宿了，开始感觉到很多事情不顺利，她很苦恼，常常向妈妈抱怨，一副不知所措的样子。前不久，艳艳在学校，一个男生无意中用余光瞄了一下自己，她就觉得对方在警告自己。从此，她更害怕与人打交道了，尤其是遇到异性，她就很紧张，注意力无法集中，学习没有效果。后来，严重的时候，发展到与同性、与老师不敢视线接触。她常常对妈妈说："妈妈，我很痛苦，好苦恼，可又不知道该怎么办？"

在青春期，性格内向的孩子们很容易患上社交恐惧症，严重的还会发展成社交恐怖症。在青春期，一个人生理和心理都要发生急剧的变化，如果在这一阶段遇到心理压力，没有解决好，就很可能影响她们将来的升学、求职、就业、婚姻等一系列社会化进程。

1. 尽可能与他人交往

别总是一个人宅在家里，时间长了都会"发霉"。所以，如果要突破自己的交际恐惧，那就需要走出家门，尽量与他人交往。在与他人的交往中，会遵守共同的规则，学会了交往，学会了尊重别人的权利。而且，从中还可以学到如何与人合作，如何交朋友。

2. 参加活动可以帮助你拓展圈子

在家里，有可能你所能接触到的就是自己的家人，有时候，甚至是姐妹兄弟。即便是一起工作的同事，也只是打个照面，没有真正接触，更别说成为朋友了。而公司举办的一些有意义的集体活动恰好为你提供了这个机会，在活动中，你可以认识更多的朋友，相应地，也拓展了你的交际圈子。

3. 参加活动可以有效锻炼你的交际能力

有的人比较羞涩，性格内向，他们的交际能力较差，像这样的人更应该参加一些有意义的集体活动。在活动中，气氛比较热烈，能够激起大家聊天的欲望，如此的话，能够有效地锻炼你的交际能力，提升你的口才水平。

4. 明白没什么可怕的

应该明白在交际场合是没什么可怕的，即便出现了最糟糕的场景，都应该将一切可能发生的最糟糕的情况列举出来，最后发现其实也没什么大不了的。所以，让自己冷静下来，做好自己，没什么可怕。

5. 做一个主动者

奥巴马总是面带微笑自信地走向大家，然后花一段时间向在座的人介绍自己，他的一切行为都令他看起来非常自信，极具总统范儿。假如一

个人总是低着头走路，等待着别人来招呼自己，结果很容易被身边的人忽视。

减压启示：

患有恐惧压力的人无法主动走出自我的世界，也不愿意加入人群。他们只要在人多的地方就会觉得很不舒服，总害怕别人在注意自己、担心自己被批评。实际上，他们的一切行为都源于内心的恐惧，一旦内心的恐惧消失了，他们就会慢慢变得自信起来。

害羞，焦虑情绪带来的压力

羞怯心理，这是一种正常的情绪反应，一旦这种心理出现时，人体肾上腺素分泌会增加，血液循环加速，这种反应往往导致大脑中枢神经活动的暂时紊乱，最后导致记忆发生故障思维混乱，因此人们在羞怯时经常在人际交往中出现语无伦次、举止失措的现象。内向者会过分考虑自己给别人留下的印象，总是担心别人看不起自己，不管做什么事情，总会有一种自卑感，总是质疑自己的能力，过分夸大自己的缺点和不足，使自己长时间处于消极的思想状态之中。同时，因为羞怯心理的阻碍，使得他们无法表达自己内心的真实情感。

克里斯多夫·迈洛拉汉是一位心理治疗专家，他曾经有一个病人是一个30岁的单身女子，非常害怕与人约会。后来在迈洛拉汉的建议下，她写下了与约会有关的一系列事情，安排出门，在约会时说什么，关于未来又谈些什么，在将事情整个思考一番之后，她发现自己最担忧的是一个她并不喜欢的男人会爱上自己，她担心一旦出现这样的场面，自己不知道该如何去拒绝。于是，迈洛拉汉给她出了个主意，告诉她如果不想再见到约会的那个人，自己该怎么样说，一旦她有了这样的准备，约会就变得轻松随意多了。

对此，迈洛拉汉总结说："记日记是一种简易而有效的方法，我们对自身的认识也许比我们自以为知道的更多，当我们用文字将我们的害怕和焦虑梳理一番时，自己也会为之惊讶。"

羞怯心理产生的原因，是因为神经活动过分敏感和后来形成的消极性自我防御机制。通常情况下，过于内向和抑郁气质的人，尤其是在大庭广众下不善于自我表露，自卑感较强和过分敏感的人也会因为太在意别人对自己的评价而显得畏首畏尾，表现得很不好意思，浑身不自在。

伯·卡登思提出这样一个词："社交侦察，假如你要参加一个晚会，最好事先弄清楚哪些人会参加，他们将说些什么，他们的兴趣是什么。假如你要参加一个商业会晤，就应尽可能了解对方的背景材料，这样当你与人交谈，就有了更大的主动权。"比如，你可以先找一些与自己兴趣相同的人打交道，让他们帮助树立信心。

一位心理治疗专家曾帮助一名害怕与陌生人打交道的妇女战胜羞怯，他先是了解到这名妇女喜欢编织，于是，在这位心理治疗专家的建议下，这位妇女报名参加一个编织学习班，在那里，她可以兴致勃勃地与那些新认识的人一起讨论感兴趣的编织问题。渐渐地，她的这种班内谈话使得她交了不少朋友，并将自己的社交圈子拓展到班级之外，最后，她终于可以与人轻松相处了，即便在公众场合也很少羞怯了。

许多羞怯的人想摆脱羞怯，结果却是越想摆脱，反而表现得越明显，慢慢形成一种恶性循环。所以，我们首先应该接纳羞怯心理，带着羞怯心理去做事，认识到羞怯只是生活的一部分，许多人都有可能有这种体验，这样反而会让自己放松下来，逐渐克服羞怯心理。

害羞的人说："我从小就怕见到陌生人，在陌生人面前不知所措，从来不主动回答老师的提问，怕在众人面前说话，我今年已经30岁了，在异性面前就会感到很紧张，很不自然，因此影响了我交女朋友，也影响了我与周围人的交往。请问，我这是属于一种什么心理障碍？"其实，这就是一种羞怯心理。

那么，如何才能克制自己的羞怯心理呢？

1. 增强自信心

在平时的生活中，我们应该想到自己的优点和长处，千万不要为自己的缺点而紧张，而要相信“天生我材必有用”，假如你只是看到自己的缺点，那就越是显得自卑、羞怯。假如你抬头挺胸，那你自己的智慧和能力就会得到最大限度的发挥，有了自信心，自然能克服羞怯的心理。

2. 不要怕被别人说

分析那些害怕在公众场合讲话、羞于与人交往的原因，我们很容易发现，他们最怕得到来自别人的否定评价。这样越怕越羞怯，越羞怯越害怕，最终形成恶性循环。实际上，在社交活动中，被人评论属于正常现象，没有必要过分计较。甚至，有时候否定的评价还会成为激励自己不断前进的动力。比如美国前总统林肯在年轻时就曾被人轰下台，不过他并没有气馁，反而更加努力，最后成为一名演说家。

3. 进行自我暗示

每当到了公众场合，自己感觉很紧张的时候，就对自己说：“没什么可怕的，都是同样的人，不要怕。”通过自我暗示镇静情绪，那么羞怯心理就会减少大半。俗话说得好，万事开头难，只要我们第一句话说得自然，那随之而来的就顺理成章了。

4. 说出自己的忧虑

作为一个羞怯者，心理学家建议可以去找一个“可靠的人”，比如家人、朋友和医生，这些人可以善意地对待自己的羞怯而不会嘲笑自己，向他们倾诉自己心中的忧虑，一方面可以让他们为你出谋划策，一方面还可以帮助自己摆脱心理包袱。

5. 设想最糟糕的情形

我们应该设想一下最糟糕的情形，比如你害怕发表一个讲演，我们就会设想一下这些问题：你对这次演讲最担心的是什么？演讲失败，被大家笑话；假如真的失败了，最糟糕的局面会是怎么样；要么我跟他们一起笑，要么我以后再也不演讲了。这样一设想，那最糟糕的结果也不过如此，并不是一场不可以接受的灾难，那有什么值得羞怯的呢？对于羞怯者而言，普遍的担心就是因紧张而出现的一些身体外部表现被人笑话，比如出汗、声音颤抖、脸红等，不过，这些担忧纯碎是多余的，因为这些表现很少会被人注意到。

减压启示：

在社交场合，常常会有这样的现象：有的人轻松自然，谈吐自如；有的人却手足无措，不知道怎么办才好，言谈举止就显得十分慌张。比如第一次上讲台的新教师或第一次当众演讲的人也有这样的体验：事先想好的话，一到台上就乱套了。其实，这些就是隐藏在心里的羞怯心理，那么你所需要做的就是克制自己的羞怯心理，坦然与人交往。

孤独，内心深处的寂寞无处诉说

你觉得什么最可怕？孤独。孤独有时候能让人窒息，内向者孤独的时候，常常是最无助的时候。那种感觉就好像这个世界就剩下了自己一个人，自己被所有人抛弃了，内心的空虚感、寂寞感一起袭来，有时候甚至丧失了生活的勇气。所以孤独被内向者看做是最可怕的敌人，他们害怕自己会孤立无援，害怕只有自己一个人，因此心灵也会变得十分脆弱。其实，对内向者来说，孤独并不可怕，可怕的是当你面对孤独时放弃了生活的希望。学会战胜孤独，当孤独的痛苦笼罩你时，你就应该面对它，看着它，不要产生任何想要逃的想法。因为，如果你选择了逃跑，你就永远不可能了解它，而它总是悄悄地躲在一边，等着下一次袭击你。

其实，孤独是一种常见的心理状态。孤独感是人们在思想上，行为上的体现。人们常常说的孤独其实包含了两种情况。一种是由于客观条件的制约所引起的孤独，他们由于种种原因不得不长期远离“人群”，而以一个人或者是一群人独立起来。比如，有的远离城市到边疆哨所为人们站岗的士兵们；长期坚持在高山气象观测站工作的科技工作者；长期为了工作

而四处航行的海员。这样的孤独是一种有形的孤独，因为他们没有亲人朋友在身边。而大多内向者的孤独是第二种，它是“无形”的孤独。

一位孤独的年轻人躺在沙滩上，他满脸胡须，面容倦怠，穿着破旧的衣服，不时有气无力地打着哈欠。另外一个人从海边经过，有些奇怪地问道：“年轻人，阳光无限好，又是如此好的季节，为什么你不去做事情呢？你在这里晒太阳，岂不是浪费了大好光阴？”

年轻人叹了口气：“唉！在这个世界上，除了这一身皮囊，我一无所有。我还需要花时间去做什么呢？只需要每天晒晒太阳，这就是我所有的事情了。”

“难道你没有家吗？”

“我要家干什么呢？与其承担家庭的重担，不如没有。”

“你没有爱人？”

“没有。”

“你没有朋友？”

“没有，朋友还是会离别，不如没有朋友。”

“你从来没想过去挣钱吗？”

“从来没想过，金钱是罪恶，最后我还是一个人，何必浪费我的时间呢？”

“哦，那我觉得你可以到海中心去。”

“为什么？我又不会游泳，难道你是想我去死吗？”

“对啊，人有生有死，与其这样活着，还不如死去。你这样活着，本身就是多余的。跳海而死，也是符合你的逻辑的。”

顿时，孤独的年轻人哑口无言。

很多有孤独感的人，并不是自己愿意孤身独守。而是他们有的是在人生的路途中遭遇了坎坷，陷入无边的孤独和痛苦中，不可自拔；有的是得不到别人的理解，也不愿意去理解别人，于是选择洁身自好；有的是看不起自己，不相信自己，有一种深深的自卑感。于是，他们在面对孤独的时候，甚至没有抗争，就束手就擒。所以，他们陷入了没有边际的痛苦中，与孤独为伴。

而有的人是因为内心世界的封闭使他们无法通过感情交流来建立真正的友谊，友谊的缺乏使现代人陷入一种强烈的孤独感。有的人这样来描述自己的感受："在这个世界，我感到孤独、嫉妒、愤怒、紧张。"无论是因为人生境遇，还是因为自己的感情失意，孤独在无形中已经成为了他通往正规工作和生活的阻碍。孤独的人学会在生活中拿出自己的勇气，敢于与孤独抵抗，战胜孤独。

那么，怎么才能有效地战胜孤独呢?

1. 战胜自己的自卑心理

人们有时候受到了大的磨难，就会觉得自己跟别人不一样，而自己又没有勇气跟别人接触，这其实是自卑心理产生的孤独状态。这时候，要突破自己内心的屏障，相信自己，钻出自织的"茧"，你就会发现，其实跟别人交往是一件很容易的事情。

2. 转移自己的注意力

如果觉得自己内心的孤独，你可以适当地转移注意力。有计划地生活，把自己的注意力转移到工作、生活上来。在工作中，除了努力工作，还要适时与以前工作的同事交流；在生活中，走出心里的阴影，开始结交新的朋友，建立新的生活。重新树立起生活的信心。这样，你就会发现，能够与大多数人生活在阳光下是一件很惬意的事情。

3. 为别人做点什么

孤独者都有这样的情况，当你与很多人在一起的时候，你会感到特别孤独，比自己独处时更孤独。因为与他人的格格不入，让你陷入孤独的境地。那么，你就应该为别人做点什么，帮助别人，获取别人的好感，为自己争取一份友谊。

4. 享受自然，走入社会

一个孤独的人，总是关在自己的小屋。这样，精神会长时期的受压抑，会使自己的性情越来越孤僻。那么，试着走出家门，出去呼吸一下大自然的空气，感受一下在街道上拥挤的感觉，这时候，你已经忘记了你的寂寞。你的心情就会渐渐开朗，逐渐从孤独的城堡中脱离出来。

减压启示：

人们的孤独更多的来自于内心深处的寂寞，因为感情，或是因为生存境遇的突然变化，使得他们内心无法承受。孤独者因为受内心的折磨，精神也受到长时间的压抑，不仅会导致自己的心理失去平衡，还会影响自己的智力和才能的发挥，并且失去事业的进取心和生活的信心。所以，孤独是非常可怕的。面对孤独，要学会战胜孤独，才能在自己的事业上取得成就，才会扬起生活的风帆。

悲观，消极的情绪无处遁形

马克·吐温说：“世界上最奇怪的事情是，小小的烦恼，只要一开头，就会渐渐地变成比原来厉害无数倍的烦恼。”对于那些有着悲观心境的人来说，就恰似心中长了一颗毒瘤，哪怕是生活中一点小小的烦恼，对他来说，都是一种痛苦的煎熬。每天增加一点点不愉快，毒瘤在消极情绪的养分下不停地生长，直到有一天，毒瘤化脓，开始散发出阵阵恶臭，而他已经被悲观所吞噬了。悲观，它是一种比较普遍的情绪，面对生活中诸多的不如意，每个人有可能都要悲观一下，然而，许多人尚未意识到悲观的危害性。

有的人甚至认为，悲观也没有什么大不了的，又不是抑郁症。可是，据心理学家观察，长时间的悲观心境，会让一个人感到失望，丧失其心智，长期生活在阴影里。所以，远离悲观的心境，调整自己的情绪，走出悲观的阴霾，做一个乐观积极的人。

有两位年轻人到同一家公司求职，经理把第一位求职者叫到办公室，问道：“你觉得你原来的公司怎么样？”求职者脸色满是阴郁，漫不经心地回答说：“唉，那里糟透了，同事们尔虞我诈，勾心斗角，我们部门

的经理十分蛮横，总是欺压我们，整个公司都显得死气沉沉，生活在那里，我感到十分的压抑，所以，我想换个理想的地方。”经理微笑着说：“我们这里恐怕不是你理想的乐土。”于是，那位满面愁容的年轻人走了出去。

第二个求职者被问了同样一个问题，他却笑着回答：“我们那里挺好的，同事们待人很热情，互相帮助，经理也平易近人，关心我们，整个公司气氛十分融洽，我在那里生活得十分愉快。如果不是想发挥我的特长，我还真不想离开那里。”经理笑吟吟地说：“恭喜你，你被录取了。”

前者是悲观者，在他生活的天空始终笼罩着乌云，因此，他看什么人和事都是阴郁的，一份多么美好的生活摆在他面前，他也会认为“糟糕透了”；后者是典型的乐观者，阳光始终照射着他的生活，即使是再糟糕的生活，在他看来，也是十分美好的。悲观者看不到未来和希望，所以，他经历了求职的失败，或许，在人生的道路上，还有更多的失败在等着他，除非他能够换一种心境。

有两个人，一个叫乐观，一个叫悲观，两人一起洗手。刚开始的时候，端来了一盆清水，两个人都洗了手，但洗过之后水还是干净的，悲观说：“水还是这么干净，怎么手上的赃物都洗不掉啊？”乐观却说：“水还是这么干净，原来我手一点都不脏啊！”几天过去了，两个人又一起洗手，洗完了发现盘里的清水变脏了，悲观说：“水变得这么脏啊，我的手怎么这么脏？”乐观却说：“水变得这么脏啊，瞧，我把手上的脏东西全部洗掉了！”同样的结果，不同的心态，那么就会有不同的感受。

拥有悲观心境的人，他们只是一味地抱怨，他所看到的总是事情的阴暗面，哪怕是到了春天，他所能看到的依然是折断了的残枝，或者是墙角的垃圾；拥有乐观心境的人，他们懂得感恩，在他的眼里到处都是春天。悲观的心境，只会让自己死气沉沉；乐观的心态，会让自己感受到阳光般的快乐。

可能，谁也没有想到过，美国最著名的总统之一——林肯竟然曾是抑郁症患者。当时，林肯在患抑郁症期间，他曾说了这样一段感人肺腑的话：“现在我成了世界上最可怜的人，如果我个人的感觉能平均分配到世界上的每个家庭中，那么，这个世界将不会再有一张笑脸，我不知道自己能否好起来，现在这样真是很无奈，对我来说，或者死去，或者好起来，别无他路。”幸运的是，最后，林肯战胜了抑郁症，成功地当选了美国的总统。

1. 确立正确的人生观

如果你希望消除内心的悲观情绪，那首先要建立自己正确的人生观、价值观，树立远大的理想。在追逐理想的过程中，做一些对社会有利的事情，因为你在帮助别人的同时自己也会感到快乐。

2. 树立人生目标

美国精神教父爱默生说：“一心向着自己的目标前进的人，整个世界都会为你让路。”如果漫无目的，那每天很容易沉浸在悲观情绪里。所以，给自己定一个目标，并想尽一切办法去接近并完成，这样就可以给自己的人生指明一个方向。

3. 转移注意力

当自己因遇到挫折感到悲伤、烦恼，整个人的情绪处于低谷的时候，可以暂且不管眼前的事情，将注意力转移到自己感兴趣的活动和事情上面，或者回忆自己得意、幸福、快乐的事情，以此来冲淡或忘却烦恼，在这个过程中将悲观情绪转化为积极情绪。

减压启示：

事实上，悲观给我们生活所造成的影响是巨大的，一个有着悲观心境的人，无论是生活还是工作，他都没有办法获得成功。甚至，那一种悲观的心境还会有意或无意地成为其成功路上的绊脚石。对于每一个人来说，悲观的心境就像是漂浮在天空中的乌云，它遮住了生活的阳光，长时间下去，我们自己也会变得死气沉沉。所以，远离悲观，让阳光照进生活中。

虚荣，在比较中压抑自我

虚荣是一条毒蛇，它专门啃噬人的心，我们常常会说“羡慕”，却很少提及虚荣，似乎总想掩藏内心的秘密。其实，虚荣和羡慕本是同根生，在某方面别人有你所没有，别人能你所不能，羡慕和虚荣就产生了。有人说，羡慕是虚荣的华丽转身，虚荣中多了一丝向往，嫉妒中多了一丝怨恨。在日常生活中，我们常常会听到虚荣的心声：“你看，隔壁的王先生多潇洒，楼下的阿松自己买了小车，对面的小张刚刚炫耀说又订了一套别墅，看看我们自己，还住在筒子楼，要钱没钱，要车没车，工作也不好……”俗话说：“人比人，气死人。”虽然，人与人之间的比较是一种常见的心理活动，但是，如果我们时刻用消极的心态去攀比，贪恋虚荣，不仅会在比较中迷失自己，心中也会燃起嫉妒的熊熊大火，早晚有一天会因虚荣而压抑自我。

在东南亚一带，流传着这样一个故事：

有一个人遇到了上帝，上帝对他说：“从现在起，我可以满足你任何一个愿望，但前提是你的邻居会同时得到双份的回报。”那人高兴不已，但是，他仔细一想：如果我要得到一份田产，邻居就会得到两份田产，如果我要得到一箱金子，邻居就会得到两箱金子，更要命的是如果我得到一个绝色美女，那个看来一辈子打光棍的家伙就会同时得到两个绝色美女了。他想来想去，不知道提出什么要求才好，他实在不甘心让邻居占了便宜。最后，他一咬牙：哎！你挖掉我一只眼睛吧！

由于狭隘、自私而产生的虚荣是消极的，在比较心理下，虚荣心会成为我们前进的绊脚石，使自己陷入痛苦的深渊而无法自拔。其实，人生就是一道加减法，有得必有失，幸福和快乐是不可比较的，因为它没有止境，也没有具体的标准。如果你总是纠结于比较，那么，你永远都是吃亏的那一个，因为你在比较时常常忽略了自己的幸福，我们应该懂得这样一个道理：比上不足，比下有余。

早上，王雯穿着新买的裙子上班，心里别提多美了，心想：这身打扮应该会把办公室那群人给比下去，不知道多少人会称赞自己有品味呢！她一边想着，一边乐，忍不住对着公司大门的镜子整理头发。来到办公室，王雯还没有来得及炫耀自己的新裙子，就看到一大群女人围着李倩，大家嘴里发出阵阵赞叹声。王雯心中顿感不快，挤着围过去一看，原来，李倩今天也穿了新裙子，不过，无论是款式还是质量，都在自己所穿的裙子之上。王雯看了一眼，满脸不屑，气冲冲地走了，身后传来同事的议论："她总是这副样子，爱比较，比了又生气，真是，搞不懂这个人……"、"可不是嘛，要我说啊，就是嫉妒心在作怪，每次都这样子，都已经习惯了"。

听了同事的议论声，王雯怒火腾地上升了，她回过头，大声责问道："你们说谁呢？"同事纷纷走开了，只留下脸红脖子粗的王雯。生气的王雯进了卫生间，对着镜子重新审视自己的裙子，越看越生气，一气之下，王雯拉着裙子的下摆猛地一扯，本来只是发泄心中的怨恨，没想到，新买的裙子居然被扯出了一条长长的口子。看着镜子中的自己，王雯气得哭了起来。

对于一些私心较重、心理欲望较高的人来说，他们时常会因为攀比把自己气得够呛，到最后，他们也不知道事情到底错在哪里。心胸狭窄的人，总喜欢以己之长比人之短，喜欢计较个人名利得失，越比较越是痛苦，感觉自己真的"吃了亏"或"运气不好"，甚至，开始抱怨自己是"生不逢时"。看到自己的朋友当了官、发了财，自己的心理就很不平衡，总想着之前他还不如自己呢，但是，却不去思考对方取得成功的原因。

1. 调整需要

对此，有人却一语道破玄机："人活着就不能把金钱、荣誉、地位看得太重，其实，拥有10万元和拥有100万元的人没什么两样，都是一日三餐，无非他们是吃海鲜，我们吃虾皮；他们开奥迪，我们开奥托。前面有坐轿、骑马的，后面有推车的，我们就是那中间骑驴的，比上不足，比下有余，所以，知足常乐吧，哪来这么多虚荣心。"

2. 摆脱从众行为

从众行为有积极的一面，也有消极的一面。如果社会上的一些不好风气任其泛滥，会造成一些压力，从而让那些爱慕虚荣、意志薄弱者会随波逐流。许多爱慕虚荣者不顾自己的客观实际情况，盲目追求，打肿脸充胖子，弄得劳民伤财，负债累累。所以，我们要保持清醒的思维，面对现实，实事求是，从自己的实际出发去处理问题，摆脱从众心理的负面效应。

3. 摆正价值观

在生活中，人们常常为钱而奔波，没有一个人会觉得自己赚的钱多，他们内心那种攀比心理、虚荣心理，逐渐将自己逼进一个无底的深渊。许多人有一份稳定的工作，拿着固定收入，但却与那些做生意发财的人相比，这样一比较，除了一丝羡慕全是嫉妒，心想：凭什么他们能赚那么多钱？他们因此而常常抱怨生活，总是看这里不顺眼，看那里不顺眼，甚至，将这样一种嫉妒、怨恨的心态推己及人，给身边的人带来极大的危害。

减压启示：

虚荣心，从心理学角度来说是一种追求虚荣的性格缺陷。虚荣心是人类一种普通的心理状态，每个人都有自尊心，都希望得到社会的承认，这是一种正常的心理需要，虚荣心强的人不是通过实实在在的努力，而是利用撒谎、投机等不正常手段去获得名誉。虚荣的人不敢袒露心扉，从而给自己带来了严重的心理压力，虚荣在现实中只能满足一时，长时间的虚荣会导致消极情绪的滋生。

偏执，总是追求不属于自己的东西

有人说："追求幸福的人分两种：一种是追求属于自己的幸福，一种是追求属于别人的幸福。"前者懂得定义属于自己的幸福，而后者只是追逐他人定义的幸福。在生活中，我们何尝不是这样呢？有时候，我们生活得并不如意，若是问为什么，我们的回答却是："我没有达到某种生活的标准。"我们总是听别人说，有了房子才有安全感，于是就为了别人所定义的"安全感"背上了十年、二十年的债务，节衣缩食，心不甘、情不愿地当起了房奴；我们总是听别人说，在高级餐厅里约会才是最浪漫的，于是我们就将这当成一种美好生活的向往，宁愿吃方便面也要勒紧裤带去潇洒一次；我们总是听别人说，没去过健身房就不够时尚前卫，于是我们就赶紧去健身房报名，学那些自己并不感兴趣的课程，只是为了达到别人所定义的"幸福生活"。

但那些生活真的属于自己吗？为什么即便我们达到了这样的生活标准还是不快乐呢？究其原因，在于我们太偏执，总是一味地追求那些不属于自己的生活，就好像我们穿着不合尺寸的衣服，不是嫌太大，就是嫌太难看。

我们的生活是自己过，而不是给别人看，别人生活的标准并不一定就真的适合自己。因为生活的幸福和快乐是属于自己内心的一种感觉，如果只是迎合别人的取向，这样难免会苦了自己。那些苦苦追求不属于自己生活的人，他们与自己的心灵对峙着，换言之，他们太过偏执，越是不属于自己的，越是需要去尝试，在羡慕嫉妒的过程中，他们浑然忘记了自己原本美好的生活，而是将别人的生活当成是自己生活的标准。

在《伊索寓言》里记载了这样一个小故事：

一只来自城里的老鼠和一只来自乡下的老鼠是好朋友，有一天，乡下老鼠写信给城里的老鼠说："希望您能在丰收的季节到我的家里做客。"城里的老鼠接到信之后，高兴极了，便在约定的日子动身前往乡下。到了那里之后，乡下老鼠很热情，拿出了很多大麦和小麦，请城里的好朋友享用。看到这些平常的东西，城里的老鼠不以为然："你这样的生活太乏味了！还是到我家里去玩吧，我会拿很多美味佳肴好好招待你的。"听到这样的邀请，乡下老鼠动心了，就跟着城里老鼠进城去了。

到了城里，乡下老鼠大开了眼界，城里有好多豪华、干净、冬暖夏凉的房子，看到这样的生活，它非常羡慕，想到自己在乡下从早到晚，都在农田上奔跑，看到的除了泥土还是泥土，冬天还会在那么寒冷的雪地上搜集粮食，夏天更是热得难受，这样的生活跟城里老鼠比起来，自己真是太不幸了。

可是，到了家里，它们就爬到餐桌上享用各种美味可口的食物。突然，咣的一声，门开了。两只老鼠吓了一跳，飞也似的躲进墙角的洞里，连大气也不敢出。乡下老鼠看到这样的势头，想了一会儿，对城里老鼠说："老兄，你每天活得这样辛苦简直太可怜了，我想还是乡下平静的生活比较好。"说罢，乡下老鼠就离开城市回乡下去了。

显而易见，这个故事的寓意在于：适合自己的生活方式并不一定适合别人，同样，适合别人的生活方式也不一定适合自己。因此，如果自己当下生活得还不错，那就过好属于自己的生活，而没有必要去追求别人定义的生活，我们应该明白，别人的快乐和幸福并不适用于自己。

1. 别人的生活不一定适合自己

我们总是向往着这样的生活：条件优秀的老公、可爱的孩子、宽大的房子、豪华的轿车、稳定的工作。在我们看来，似乎这样的生活才是最幸福快乐的，但这样的生活适合自己吗？偏执，有时候就是自己的外在与内心互相对峙，明明这是心里不喜欢的，但却为了迎合别人的眼光，而刻意将自己的生活变得乱七八糟。所以，放下对别人生命羡慕嫉妒的眼光，放下内心的偏执，学会享受自己的生活所带来的快乐与宁静。

2. 定义属于自己的生活

稚拙的文字仔细品味却是大道理，生活也是因人而异的，我的生活在你眼里并不一定是好的，你的生活我也不一定认同。很多时候我们并不快乐，那是因为我们总是偏执，没有按照自己喜欢的方式去生活，而是在不经意间迎合别人的要求，刻意改变，违背内心真实的想法，所以我们才会变得不快乐。所以，放下那些所谓的"标准意义的生活"，按照自己真实的想法去追求生活，我们应该记住，真正让自己快乐的是自己的内心而非别人的眼光。

减压启示：

卞之琳说：“你在桥上看风景，看风景的人在楼上看你。”其深层含义在于，虽然我们每个人都把别人当作风景，其实，在别人眼中，自己何尝不是一道美丽的风景呢？所以，学会对自己的生活释怀，因为属于自己的生活才是幸福快乐的生活。

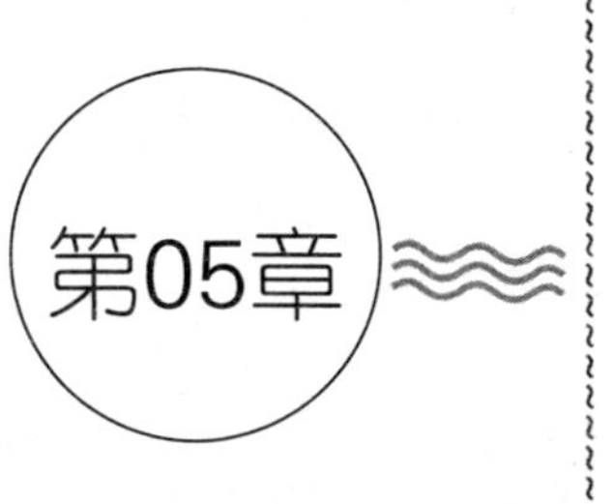

性格透视法：有针对性地舒缓压力

不同性格特征的人对压力的感受是有所区别的，一些追求完美、争强好胜、缺乏耐心、喜欢猜忌、时间紧迫感强、每天忙忙碌碌的性格的人，在面对压力时，其性格中不利的因素就会显现出来。所以，直面自己的性格，因为有些压力纯粹是自己性格导致的。

完美型，接纳人生中的缺憾

追求完美，是完美型人的追求，在生活中，他们总是在追逐繁复的完美，在追逐的过程中，无数的烦恼困扰着他们，愤怒、生气，越是较真，越是觉得心很累。或许，在任何人的心中，完美都是一座宝塔，我们可以在内心里向往它、塑造它、赞美它，但是，我们却不能把它当作一种现实存在，这样只会让我们陷入无法自拔的矛盾之中。在某些时候，我们应该放下苛刻，别被不真实的完美压垮。

有个学生在课堂上向沙哈尔提问道："请问老师，您是否知道您自己呢？"沙哈尔心想：是呀，我是否知道我自己呢？他回答说："嗯，我回去后一定要好好观察、思考、了解自己的个性，自己的心灵。"

本·沙哈尔教授回到家里就拿来了一面镜子，仔细观察着自己的外貌、表情，然后来分析自己。首先，沙哈尔就看到了自己闪亮的秃顶，想："嗯，不错，莎士比亚就有个闪亮的秃顶。"随后，他看到了自己的鹰钩鼻，心想："嗯，大侦探福尔摩斯就有一个漂亮的鹰钩鼻，他可是世界级的聪明大师。"看到了自己的大长脸，就想："嗨！伟大的美国总统林肯就是一张大长脸。"看到了自己的小矮个子，就想："哈哈！拿破仑个子就很矮小，我也是同样矮小。"看到了自己的一双大撇撇脚，心想："呀，卓别林就是一双大撇撇脚！"

于是，第二天他这样告诉学生："古今国内外名人、伟人、聪明人的特点集于我一身，我是一个不同于一般的人，我将前途无量。

或许，在别人看来，本·沙哈尔的长相既不出众，更算不上完美，但是，他很会欣赏自己。怀着这一份知足常乐的心态，他将自己身体的每个部分都与名人、伟人、智者扯上了关系，那么，即使自己的五官不是完美的，但是，自己一定是一个前途无量的人。本·沙哈尔不再苛责，因此他收获了一份最简单的快乐。

一个失意的人找到了智者，他向智者诉说着自己的遭遇和无奈，哀叹道："为什么在我的生命里总是找不到绝对的完美呢？"智者沉思了许久，问道："可能是你自己对这个世界苛责太多，所以，烦恼才会找到你。"说完，智者舀起了一瓢水，问失意者："这水是什么形状？"失意者摇摇头："水哪有什么形状？"智者不语，只是将水倒入了杯中，失意者恍然大悟："我知道了，水的形状像杯子。"智者没有说话，又把杯子里的水倒入了旁边的花瓶，失意者悟然："我知道了，水的形状像花瓶。"智者摇摇头，轻轻拿起了花瓶，把水倒入了盛满沙土的盆里，水一下子溶进了沙土，不见了。智者低头抓起了一把沙土，叹道："看，水就这么消逝了，这也是人的一生。"失意者陷入了沉思，许久才说道："我知道了，你是通过水来告诉我，社会处处就像是一个个不规则的容器，人应该像水一样，盛进什么样的容器就成为什么形状的人。"

智者微笑着说："是这样，也不是这样，许多人都忘记了一个词语，那就是滴水穿石。"失意者大悟："我明白了，人可能被装于规则的容器，但也能像这小小的水滴，滴穿坚硬的石头，直至突破，我们要像水一样，能屈能伸，不能要求多么规则的容器，而是需要做到既能尽力适应环境，也要保持本色，活出自我。"智者点点头，说道："当你不再追逐完美，放下了心中的苛求，你会发现，任何事物都是完美的，自然，你也获得了久违的快乐。"

生活的快乐在于简单，生命的美丽在于真实，纵然有诸多缺憾，但是，它却是无法复制的无与伦比的美丽。不必较真，不必苛求，没有必要去追求一些不真实的完美，因为美丽的事物总会伴随着一些缺憾。

1. 放下苛责的心态

追逐完美，本身就是一种苛责的生活态度，为了达到心中完美的目的，人们苛责自己、苛责他人，苛责一切的人和事。在现实生活中，所谓的"完美"终究伴随着缺憾，即使自己努力苛责，那些人和事依然达不到绝对的完美。在这个世界上，本来就没有绝对完美的事物，如果我们一味地将追求完美的茧一层一层地套在身上，那么，最终，我们也会死在这重重的包裹之中。

2. 以平常心看待缺憾

每个人的一生中总会经历不同的坎坷或挫折，没有一个人可以保证他就是完美无缺的。上帝对于每个人来说都是公平的，他给予了你一样东西，肯定会拿走另一样东西，关键是你如何去看待生命里的缺憾。

减压启示：

一个人不能在自我怜悯中空虚地度日，最重要的是，我们不应该事事较真，而是学会珍惜眼前的幸福。智者说：“追求完美是人类正常的渴求，同时，却也是人类最大的悲哀。”对于我们而言，应该放下内心的苛刻，放弃追逐完美的诉求，最终拥抱简单的快乐。

怀疑型，缺少信任的人生是痛苦的

猜忌是人性的弱点之一，从古至今，那都是害人害己的祸根，是卑鄙灵魂的伙伴。一个人假如掉进了猜忌的陷阱，那必定会处处较真，神经过敏，对他人失去了信任，对自己也会心生疑窦。猜忌的人总是痛苦的，因为他不断在与自己较真，在这个过程中，他痛苦，甚至疯狂，那种纠结于内心的痛苦是旁人无法体会的。那些习惯猜忌、猜疑心很重的人，整天疑心重重、无中生有，认为每个人都不可信、不可交往。由于现代社会的多元化，不知道在什么时候，信任已经变成了奢侈品，我们经常会看到一些因信任而上当受骗的例子，因此就连我们自己也不再愿意轻易地相信某个人了。不过，我们始终不能忘了，信任是我们生活中最不可少的一件事情，如果缺少了信任，我们的生活就失去阳光，世间也会少了许多温暖。

在《三国演义》中，曹操是一个喜欢猜忌别人的人，因此，因为猜忌心，他也做了不少冤枉别人的事情。

当曹操刺杀董卓失败后，与陈宫一起逃至吕伯奢家里。由于曹吕两家是世交，吕伯奢见到曹操来了，就想杀一头猪款待他。但曹操一听到庄后有磨刀的声音，便怀疑人家要加害自己，一声“缚而杀之”，更让他深信不疑。于是，曹操不分青红皂白，不问男女，杀了吕伯奢一家大小。一直杀到厨房，发现被捆着等待挨刀的大肥猪，才知道自己错杀了好人。

尽管如此，曹操还是赶紧与陈宫急忙逃出庄外，正好路遇沽酒回来的吕伯奢，这时的曹操没有半点的愧疚之意，为了达到防止被追杀的目的，他竟然对自己父亲的结义金兰举起了带血的屠刀。

此外，曹操还有一大心病，他唯恐别人会趁自己睡觉时加害自己，于是，常常吩咐左右：“我梦中喜欢杀人，我睡着的时候大家不要靠近。”有一天，曹操在帐中睡觉，被子掉在了地上，一个侍卫过来帮曹操把被子盖好。曹操跳起来，拔剑杀了侍卫，又上床继续睡觉。醒来之后，曹操故意惊问道：“是谁杀了侍卫？”左右据实报告，曹操痛哭，命令大家厚葬侍卫。其实，曹操知道，自己是在有意识的状态下拔刀杀人的，但又唯恐失天下人之心，因为猜忌，可谓是欲盖弥彰。

曹操的疑心病伴随了他一生，在这个过程中，他自己也是痛苦不堪。他每天不断地猜忌，猜忌有谁对自己不忠不敬，猜忌谁对自己有所企图，终日为猜忌所累，这才是疑心病给他带来的最大痛苦。

一艘货轮在大西洋上行驶，突然，一个黑人小孩儿不慎掉下了波涛滚滚的大西洋。孩子大喊救命，无奈风大浪急，船上的人谁也听不见，他眼睁睁地看着货轮拖着浪花越走越远。求生的本能使得孩子在冰冷的海水里拼命挣扎，他用尽全身的力气挥动着瘦小的双臂，努力让自己的头伸出水面，睁大眼睛盯着轮船远去的方向。

船越走越远，船身越来越小，到最后，什么都看不见了，只剩下一望无际的大西洋。孩子的力气快用完了，实在游不动了，他觉得自己要沉下去了。放弃吧，他对自己说。这时，他想起了老船长那慈祥的脸和友善的眼神，不，船长知道我掉进海里之后，肯定会来救我的，想到这里，孩子鼓足勇气用生命的最后力量向前游去。

船长终于发现那个黑人孩子失踪了，当他断定那个孩子是掉进海里以后，下令返航回去找。这时有人劝道：“这么长时间了，就是没有被淹死，也让鲨鱼吃了。”船长犹豫了一下，还是决定回去找。终于，在那孩子就要沉下去的最后一刻，船长赶到了，救起了孩子。

当孩子苏醒了之后，跪在地上感谢船长的救命之恩时，船长扶起孩子问道：“孩子，你怎么能坚持这样长的时间呢？”孩子回答说：“我知道您会来救我的，一定会的！”船长好奇：“你怎么知道我一定会来救你的？”孩子睁着天真无邪的眼睛，回答道：“因为我信任您，我知道您是那样的人。”听到这里，船长“扑通”一声跪在黑人孩子面前，泪流满面：“孩子，不是我救了你，而是你救了我啊！我为我在那一刻的犹豫而羞耻。”

对每一个人而言，可以完全被一个人信任是一种幸福，可以毫无保留地信任一个人也是一种幸福。当然，大胆地相信他人不是一件容易的事情，信任一个人有时需要许多年的时间，有些人甚至终其一生也没有真正地信任过任何人。

1. 不要因为自己的猜忌而失去对别人的信任

有时候，我们难以去信任别人，问题不在于别人，而在于我们自己。因为我们总是猜忌，总是猜疑别人对自己是不是有不好的企图，是不是为了加害自己，这样的想法多了起来，我们就难以对他人给予信任。有时候，对方明明是值得我们信任的人，但因为猜忌，我们经常会失去这种信任。

2. 多一些信任

信任有时候仿佛是易碎的玻璃花，哪怕只是一句玩笑，都会对信任产生影响。当然，有的信任是经过多年的接触才能建立起来的，同时，这样的信任也是经得起考验的，当我们心中有了一点猜忌的时候，为什么不能对他人多一些信任呢？

减压启示：

孩子回答说：“我知道您会来救我的，一定会的！”船长好奇：“你怎么知道我一定会来救你的？”孩子睁着天真无邪的眼睛，回答道：“因为我信任你，我知道你是那样的人。”给予对方信任，实际上是还自己一个心安。试着将信任给别人，也就放下了猜忌的压力。

较真型，过分执着会身心疲惫

在很多时候，过分执着并不是一种好品质。它就像是一个魔咒，一点点地禁锢着我们的身心，似乎我们不朝着之前的方向继续下去就对不起良心。执着本身是一种可贵的品质，但凡事都会有一定的限度，“执着”也一样，适当的执着会体现出我们个人的魅力，同时也可以让问题变得更简单一点。但若太过分的执着则会不自觉地将自己的身心束缚，我们总是放不下，不愿意放弃，固执地朝着一个方向前进，不管前面是康庄大道，还是死胡同，甚至，那这样的坚持是无谓的，如果我们最终闯入的不过是死胡同，那么这样执着的后果也是可悲的。虽然，对生活执着是一种坚定的信念；对工作执着，是一种精神寄托；对爱情执着，是一种人生的美丽。但若是应该放弃时不放手，就会使自己不堪负重而活得很累，甚至有可能走向另外一种悲惨的结局，同时也让自己身心疲惫。

生活中，有的人活得像小河里的溪水，虽然平静无波，却有顽强的生命力和战斗力，它能够经受暴风骤雨的侵害，也可以坦然面对夏日骄阳的炙烤，它从来不在乎世界会有那么多的变化。人活着也一样，要有信念，但不能过分执着，不能与生命较真，不妨学会顺其自然，对生命中的意外和阻挠不必过于强求，也许，这样方能阻止自己生命的脚步过快地到达终点。

有些事情既然已经发生了，毫无回旋的余地了，那我们就要学会接受，而不是太过于执着，过分执着只会让自己更加疲惫，不如放松身心，给自己一个舒适的心灵环境。

1. 适时修正自己的信念

人生需要有信念，这样我们的生命才有前进的方向。但是，信念只有与自己合拍的时候，才能更好地发挥出引航员的作用。对此，在人生的路途中，我们要适时修正自己的信念，让它与自己合拍，对于某些不切实际的想法，我们不应太较真，太执着，而是学会放弃，适时找到适合自己的人生信念，这样我们的生命才会更加绚丽灿烂。

2. 与其走向死胡同，还不如拐弯走向另外一条大道

如果我们希望与别人合作，自己已经明确地表达清楚图，但对方却毫无回应，在这样的情况下，与其继续留下来攻坚，把时间花在啃掉这块硬骨头上，不如转身离去，把精力用来寻找新的目标。每个人做事都有自己的理由，放弃攻坚是对别人的尊重，是一种明智的选择。大量事实表明，第一次不能成功的事情，以后成功的概率也是很小的，纠缠下去只会惹人厌烦，这样并没有太大的意思，与其把80%的精力耗在20%的希望上，不如以20%的精力去寻找新的目标，说不定还有80%的希望。

减压启示：

人的一生就好像花开花落，周而复始，没有什么花是永远不凋谢的，对待上天的安排，我们应该顺其自然，千万不能太过于执着，太较真是一种疼痛，一种心魔，它不断侵蚀我们内心简单的快乐，最后，我们只会满身疲惫地倒下。

自我型，自怜是令人上瘾的麻醉剂

自怜是让人上瘾的麻醉剂。在现实生活中，大多数人都喜欢自怜，尤其喜欢抱怨，而抱怨的对象总是脱离了自己，要么是怨天，要么就是怨他人。当“我是该有多么可怜啊”这个意识弥漫于全身，宣泄出内心的烦闷，每个人都会有奇妙的感觉。有时候，我们总是患得患失，所以常常会

滋生自怜的心态，从心理学上讲，这是一种病态心理，而自怜就好像是能够让人上瘾的麻醉剂。如果在日常生活中遭遇了挫折与困难，自己越是痛苦，就越是自怜。或者，在某种程度上说，自怜是一种自我保护，但是，过度的自怜会令我们迷失自我，在极力想包裹自己的同时，我们也被苦难所吞噬了。

女儿总是向父亲抱怨自己的生活，抱怨每件事都是那么艰难，自己快活不下去了。父亲没有言语，只是把女儿带进了厨房，他先烧开三锅水，然后往一口锅里放胡萝卜，在第二口锅里放鸡蛋，在最后一口锅里放咖啡豆。然后，父亲将食物用开水煮，大约20分钟之后，父亲把火关了，分别将胡萝卜、鸡蛋、咖啡豆舀出来。这时，他才转过身问女儿："孩子，你看见什么了？"女儿回答："胡萝卜、鸡蛋、咖啡。"父亲让女儿打破了鸡蛋，将蛋壳剥掉，最后，让女儿喝了咖啡，女儿笑了，她小声问道："父亲，这意味着什么？"父亲解释说："这三样东西面临同样的逆境——煮沸的开水，但它们的反应却各不相同。胡萝卜入锅之前是强壮的，毫不示弱；但进入开水之后，它变软了，变弱了；鸡蛋原来是易碎的，但是经开水一煮，它的内脏变硬了；而咖啡豆是粉状的，进入沸水之后，它们变成了水。"父亲停顿了一下，问女儿："哪个是你呢？当逆境找上门来时，你该如何反应？你是胡萝卜，是鸡蛋，还是咖啡豆？"

在挫折面前，不同的人，他们的反应也是各不相同的。自怜的人总是害怕自己受到伤害，不敢直面挫折，他们就像那煮烂的胡萝卜一样，即使外表坚强，但内心却因为太自怜而最终走向了毁灭之路。自怜是我们战胜挫折或逆境过程中的绊脚石，它使我们的心理承受能力变得很差，还没有正面迎接挑战，就代表宣告了"自己是个弱者"。因此，三毛曾说："我是个自爱但不自怜的人。"大多数自怜的人，最后会作茧自缚。

在人生道路上，不可能总是一帆风顺，挫折与困难是在所难免的。可是，我们绝不能承认自己是个自怜者而选择退缩，而是理智地面对它，冷静地找到战胜它的办法。自怜者面对突如其来的挫折会选择后退，或者是消极抵抗，只有那些勇敢挑战的人，才能够采取积极的态度来面对挫折，最后战胜挫折。

1. 从小事中获得成功经验

从小事做起，不断积累经验，体验成功的感觉。因为成功的累积会提升一个人的自信心，而自信心本质上就是一种自我良好的感觉。当自怜产生时，不应该沉浸在自怜的情绪中，而是给自己制定几个小目标，哪怕是看几页书，做一次家务劳动，散步半小时等，在做这些事情的过程中，自怜就会消失，而自己会变得愉悦和充实。

2. 多运动

运动可以增强一个人的自我感觉，不管是跑步，还是打球，你会感觉自己在控制自己的身体，那种感觉会让你体验到“我存在”的感觉。通常在跑步之后，内心会产生正面情绪，感到更快乐。这也是为什么一些抑郁的人可以通过运动减轻内心压力的原因，借由身体释放了抑郁的情绪，从而获得对生活的支配感。

3. 少玩手机和电脑

每个人都有这样的感觉，当专心地做一件事情时并不会感觉到累，无所事事地玩手机和电脑才会感到累。因为当你每天都在玩手机和电脑时，脑子里总有一些复杂的念头，内心没有安静过，而且还伴随着悔恨和自责，感觉自己浪费了时间。如果你利用好玩手机和电脑的时间，做了自己想做的事情，从而体验到的自信心就会更多，那种自我意志的胜利也会令自己更开心。

4. 通过静坐、冥想的方式让自己安静下来

当你感到内心烦躁不安，没办法安静下来的时候，那表示你的心已经被外在事物所占据，旁边人做的一个小动作也会让你无法安心做事情。这时候主要源头来自内心的不安，不妨静坐半个小时，或冥想十分钟，不受外物的影响，始终保持平和的心态，让自己的心完全安静下来。

5. 养成健康的作息时间

人们总喜欢熬夜，想改变却一直从未改变，他自身的控制感在不断地削弱，那种内心的沮丧和自我谴责感会不断加深。人们的梦想和计划受

挫，只是两个小问题导致的：早上起不来床，晚上下不了线。如果一个人能养成健康的作息时间，就会增强自我控制感，而且还能实现久违的梦想。

6. 接纳生活中的失控和失序感

虽然控制生活的一切的感觉很好，不过我们必须承认自己根本不可能控制一切，因为我们无法掌控未来，无法掌控别人，甚至连自己都没办法掌控。失控和失序是生活中常见的事情，如果你努力掌控一切反而给自己带来一种焦虑感，适度的放松自己，对身心健康是很有帮助的。

减压启示：

有时候，大多数的病痛源于自怜，正所谓“病由心生”，自怜成为病痛的催化剂，愈发严重的病痛愈发加剧自怜，自怜的加剧再诱发更深层次的病痛，这就好像麻醉剂止痛一样，最后只能深陷其中而无法自拔。

全爱型，老好人的焦虑

“老好人”是人们对一个人人格的赞许，因为他们对别人总是有求必应，哪怕自己会因此感到痛苦，也不会拒绝。对此，美国心理学家莱斯·巴巴内尔认为，为人友善是应该的，不过在能力不足或自己繁忙时懂得拒绝也是应该的。不懂得拒绝的人并不值得赞美，因为其外表的友善掩盖了一系列的心理和精神问题。巴巴内尔在其著作《揭开友善的面具》中写道，这类人的病理状态名为“看管人性格紊乱”或“友善病”。他们之所以表现得很友善，有可能存在天生的人格问题，如自卑或孤僻，也可能是受到不好的家庭教育，如家教过严，从小就不敢顶嘴或辩解。

有一个典型案例：

王女士的亲友有问题就爱向她求助，一个侄女每天给她打电话，声泪俱下地控诉丈夫，而且一说就是数小时。王女士其他朋友也是遇到问题就找她帮忙，她从来都不知该如何拒绝别人。私下里，王女士说，她已经身心俱疲了。有一次，一位同事向她倾诉，她放下自己的事情安慰同事。“我当时真想让她闭嘴或滚开，但不知如何开口。”

人不懂拒绝的原因竟然是取悦别人，当然，这些人的心态存在逻辑的缺陷和错误。一旦拒绝了对方，无法取悦对方，他们就会产生沮丧、焦虑、自责和内疚等消极情感，结果自己就会在适得其反的紧张循环中难以自拔。这样的人要学会控制自己的思维，毕竟总想取悦对方的心态是不靠谱的。思想会促使自己为取悦于人的习惯找理由，从而让这些习惯根深蒂固，如养成付出的习惯，不懂拒绝的习惯，甚至，这样的思想还会纵容自己继续逃避及产生可怕的情感。

2001年布莱柯的《讨好的毛病：治疗讨好他人的综合症》一书问世，如同一颗重磅炸弹在美国社会中散开，不但一下子成为了畅销书，而且在著名电视主持人奥普拉·温弗里的电视节目里成为讨论的专题，直到今天，这依然是一个大众心理学不可错过的好话题。

在书中，布莱柯认为，一心当好人原来并非没有问题，而是一种有害的心理疾病，它源自“好人”对自己个体价值的信心匮乏，渴望用对他人做好事来赢得外来的肯定与赞美，这样的渴望一旦成为心理定势，就会严重降低行为者的判断力和自控力，成为一种习惯和依赖。

你是否是老好人，这是可以测试的：

请根据自己真实情况，进行一次“体验”，请回答“是”或“否”。

A. 与其说出分歧之处。我试图强调我们的共同之处。

B. 在问题解决的过程中，我试图找到一个妥协性的解决方法。

C. 我可能努力缓和他人的情感从而维持我们的关系。

D. 我有时牺牲自己的意志，而成全他人的愿望。

E. 为避免不利的紧张状态，我做一些必要的努力。

F. 我试图推迟对问题的处理，使自己有时间做一番周全的考虑。

G. 我试图不伤害对方的情感。

H. 感到意见分歧总是值得人们担心的。

I. 我放弃某些目标作为交换，以获得其他的目标。

J. 我避免站在可能产生矛盾的立场。

如果你的回答中“是”超过半数，你就是个十足的滥好人。你总是模糊事情的真相，喜欢在灰色地带处理人事问题，因为喜欢扮演好人而不讲实话。

如同港剧中的台词，安慰别人时说“做人呢，最重要的是开心”，遇到别人在吵架时，来一句“都别吵了，先喝碗糖水”，你善于缓和气氛，更会没原则地和稀泥。你缺乏创造力，工作效率不高，生活中没有特别偏激的观点，也不喜欢处处与人交涉，处处一副温良恭俭的低调姿态。

在美国，有一个叫“好人综合症”的说法，所谓的好人，是那些对别人十分亲切友善、十分好说话、有求必应、想方设法帮助别人、从来不考虑自己，并以此为荣的人们。对这些所谓的“好人”而言，当好人不但是一种习惯或行为方式，而且更是一种与他人建立的特殊人际关系。老好人所做的都是对别人有利、讨别人喜欢的事情，所以他们都收到了别人颁发的“好人卡”。实际上，其他人接受好人的乐于助人，都是有意无意带着自私的目的，但好人却乐在其中，甚至一般人并不觉得这样做有什么问题。

1. “老好人”是一种行为偏差

老好人是一种行为偏差，甚至是生活或工作的某些方面出现了危机。老好人通常都是很普通的职员，他们工作十分努力，不过能力有限，于是，做好事成为他们博得别人另眼看待或赞扬的补偿方式。这样的人通常家庭或家庭关系可能有欠缺，童年得不到父母或兄弟姐妹的关爱，这会使他们更在意关系疏远者对自己的好感，不惜付出自己的百倍努力，甚至也有人对家人态度很恶劣，对外人却很好。

2. 缺少健康界限

老好人并非好人一个人的事，往往会弄得身边人也困扰，甚至给他们带来跟着受罪的感觉，而且好人的亲疏还会给家人带来伤害。对此，心理学家指出，一个人要保持健康的心理，有合乎情理的行为，必须保持一定的“健康界限”。也就是说，每一个个体的人都生活在某种身体、感情和思想的健康界限之内，这个界限帮助他判断和决定谁可以接纳，并接纳到什么程度，为谁可以付出什么，并付出到什么程度。

3. 有时候会带来坏情绪

有时候，老好人的思想意识会给人带来负面感情。比如当朋友需要你帮助，或者要求你周末陪她逛街，如果你做不到，就会感到内疚；假如领导需要你在工作时间做一些烦琐的事情，你若做不到，则可能感觉到的并非内疚，而是担心领导不高兴。

减压启示：

在朋友、同事眼中，你是否是一位典型的老好人？为人和善，在与人发生冲突时，哪怕自己是对的，也从不自我辩解；有人请求帮忙，从来不懂得拒绝；为了交际，甚至有时会放弃原则去获得朋友圈的一种和谐。事实上，好人情结也是一种心理偏差。

成就型，胜败是常事

对于成就型的人而言，他们眼里只有成功，容不下“失败”的字眼。在兵法中，有这样一句话：“胜败乃兵家常事。”简单的一句话，却揭示出一个大道理：尽量将输赢丢开，胜败皆是常事。其实，在生活中何尝不是这样呢？当我们遭遇失败的时候，需要告诉自己：“将输赢丢开。”不要纠结自己到底是输了还是赢了，你越是计较，心情就越是糟糕。

确实，生活中从来没有输赢，我们所需要保持的是淡定的心态，对于我们每个人而言，生活是风云变幻的，那些意想不到的事情总会在我们不经意的时候发生，既然输赢的结果已经出现了，我们要做的就是保持一颗平常心，不计较输赢。

大学毕业后，他放弃了父母托关系为他找的铁饭碗工作，只身带着单薄的行李南下，来到了炙手可热的沿海地区。即使每天做很简单、枯燥的工作，他也能从中得到自己的快乐，而且他好学，遇到什么不懂的问题都会向同事请教。时间长了，老板欣赏他的踏实与认真，晋升他为秘书。之后，不断地升职，他已经在企业有了响当当的名字，这时候，他毅然放弃了高薪职位，拿着多年的积蓄，开了一家小公司。在他的努力经营下，小公司一天天成长，他成了远近闻名的大老板。

在那年的金融海啸中，他的公司不幸也遭遇了很大的冲击。得知消息的时候，他还在家里，父母担心地看着他。他很平静，反而安慰父母："没事，当年我也是一无所有，现在不过是时间的问题而已。"他回到了公司，有条不紊地处理事宜，员工看着平静的他，本来慌张的情绪也放松下来了。公司该接的任务还是照接不误，好像什么都没变，公司一步步走上了正轨。

以平和的心境接受失败，不计较输赢，因为胜败乃是常事，然后对于失败之后的残局，有条不紊，泰然处之。在上面这个案例中，我们所能够学到的是不较真的心境，那种临危不惧的心态。在生活中，我们会遇到这样或那样的事情，可能会较真，不承认自己输了，或紧张、慌乱、无措，但只要你保持良好的心态，淡定从容，事情看起来就没那么糟糕，所谓"船到桥头自然直"，在平和的心境下，不利变为有利，一切困境都会过去。

面对危机，要能够输得起。人生做事，必然会有输有赢，胜败乃是兵家常事，关键是心里不能输。既然选择了做生意这样有风险的事业，就要"赢得起，更要输得起"。

1. 输也要输得漂亮

胡雪岩说："我是一双空手起来的，到头来仍旧一双空手，不输啥！不但不输，吃过、用过、阔过，都是赚头。只要我不死，你看我照样一双空手再翻过来。"因为那份坦然的心境，胡雪岩虽然输了，但输得漂亮，实在令人佩服。

2. 不要计较生活中的输赢

在生活中，输与赢不过是不同的结果而已，任何一个人，既要有赢的渴求，同时，也要有输的心理准备。输赢乃常事，我们所能做的就是始终保持一颗平和的心态，因为生活本就没有输赢；即使输了，也不要输了斗志，输了志气。如果你总是计较生活中的输赢，那估计你常常会成为输家，而非赢家。

减压启示：

面对失败，我们不能因一时的挫折而丧失斗志，一蹶不振，不能因为一次输赢而患得患失，失去了面对失败所需要的平和心态。有时候，人生就是一场又一场的赌博，输赢并不是自己所能决定的，我们所能做好的就是填满中间空白的过程，如果我们没办法决定是输还是赢，那就选择平和的心态。

第06章

兴趣减压法：做自己喜欢的事放松身心

人应该有自己的兴趣和爱好，以此来丰富自己的生活，释放自己的身心，让自己有个健康的生活方式。如果一个人只知道上班，吃饭，睡觉，这样三点一线的生活一定是没有颜色的，苍白的。

减压日记，把你的烦恼写下来

压力是当我们处在不确定的情境下，或是预计有很多重要的事情到来之前的情绪反应。假如最近工作压力比较大，但又没有达到看心理医生的地步，那不妨写写减压日记，把烦恼写下来。摆脱压力的困扰，最有效的做法就是降低焦虑，转移注意力是最重要的方法。有时候我感觉到了压力带来的困扰，却总是没办法找到压力的源头。那么，写日记就是一个不错的方法，它可以帮助我们找到压力之源，确定压力是从何而来，从而使我们的生活有较大的改善。当我们把烦恼写在日记里之后，就会感觉内心的沉重负担已经卸下了，留在日记里了，顿时感觉身心轻松，这是减压日记的最大益处。内心的烦恼就是一种重担，如果你不想办法缓解，那就会身心俱疲，甚至会患上一些心理疾病。

56岁的朱大妈，由于患病，生活不能自理，两年前住进养老院，不过她天性乐观坚强，常常给身边的老人带去很多欢乐。所以大家都会友好地称她为“开心果”。她有什么开心的秘诀吗？原来，朱大妈坚持每天写日记，初衷是为了锻炼自己的记忆力，以便自己能快速康复。

朱大妈两年前突发脑出血，左侧半身不遂，生活无法自理，出院后就住进了这家养老院，已经快两年了。她住在养老院的四楼，这层楼住的都是卧床的老人，一个房间里四张床位。在以白色为主的环境中，她的床位显得十分特别，床被紫色所包围，窗帘、墙壁上的照片，都有大面积的紫色。

从住到养老院的第一天起，朱大妈就躺在床上，用还能活动的右手写日记。她想尽快好起来，像没有生病以前一样和同伴们一起去跳舞、唱歌。朱大妈给身边的人一起看那些写的日记，没有完整的本子，只有一大摞A4纸，这些纸是别人给她的。每页纸的正反两面都是她写的日记，一天都没落过。日记里记录着她每天做康复的辛苦，也有一些国内外的大事，更多的是一些日常的琐事。

尽管朱大妈写日记的初衷是为了锻炼大脑，但随着写日记的习惯养成了，也慢慢减轻了内心的烦恼，使得她更加乐观地面对人生。

写日记本身就是一个倾诉的过程，在向日记本倾诉。当孩子进入青春期，他们的内心有了很大的变化，这时候他们开始写日记，把自己开心的或不开心记录下来，锁在日记本里。日记本里记载了每个孩子青春期的烦恼，也承载了孩子们青春期的成长压力。所以，写日记就是一个倾诉的过程，而且对象只是一个日记本，完全不用担心它会泄密。

医院有一本出名的“减压日记”，这些年来，通过写减压日记，使得这些医护人员很好地缓解了工作上的压力。

“真累，抢救回病人一条命，自己也快要被人抢救了！”“没关系，休息休息就可以继续奋斗了”“送病人去做检查，手指被门夹了一下，肿了，”“哈哈，没事吧？”这两段互动对话是那本著名的减压日记中找到的，他们亲切地称之为减压日记。

原来，这些日记本的最初作用是医护人员用来记载工作信息的，由于医院工作的特殊性，这里的工作人员几乎都是几班倒，许多同事相互之间一个周也没能见几面。遇到一些重要的通知或紧急的病情，就会把内容写在上面，交代给下一个来换班的工作人员。之前写在黑板上，后来为了避免隐私迷露，就写在一个本子上。

渐渐地，日记本成了大家工作中不可缺少的一部分，内容也丰富多彩起来。工作交代、气象预报、心情记录、烦恼倾诉……都被写在了上面，这就成为了名副其实的减压日记。

减压日记成为袒露心事，缓解压力的最佳途径。尤其是当自己遇到一些难以启齿的麻烦事情，跟朋友倾诉也不妥当，给父母说会给他们增加心理负担，那就写在日记里吧。在写日记的过程中，会清晰地记录当时的事情状况以及感受，当把所有的事情都捋一遍，那最后会发现这件事情本身并非那么令人难过，内心的压力也会得到舒缓。

1. 准备日记

当你需要开始写日记，那先准备一本空白的笔记本或日记簿。如果你之前没有写日记的习惯，那可以先以一周为单位，将自己生活中所遇到的烦恼都一一记录下来。经过一周之后，假如你感觉这种方式比较适合自己，而且压力也减轻了不少，那就可以坚持写下去。当然，为了方便详细地记录，你可以将日记簿每页分为按照时间段的栏目，比如“上午”“下午”“晚上”等。

2. 将所有的事情尽可能记录下来

每天应该将所发生的事情尽可能地全部记录下来，特别是当一种压力症状出现的时候，更应该仔细记录下来。当压力来袭的时候，你自己的感觉是怎么样的，一定要认真地记录下来。即便没有感受到压力，也需要每天记一下自己经历的事情以及当时的感受。

3. 事后再来分析当时的压力

当一周时间过去了，你可以回过头来翻看之前的日记，注意查看自己在什么时候会感到压力重重，什么时候心情又开始得到缓解。在日记里，你可以找到一些其他的舒缓压力的方式，如在购物时不会感到什么压力，那就尽可能地选择安静一点的时间去；如果你觉得和家人在一起很温暖很快乐，那就每天尽量多花一些时间去陪伴他们。当然，再过一周来查看当初令你感到压力的事情，你会觉得不过如此。

减压启示：

当一个人压力大了就需要来发泄一下，但是如果拿身边的人来撒气，会让无辜的人受到伤害，那么最好的办法就是向日记本倾诉。纽约州立大学最近的一项研究发现，人们只要将自己的不快在纸上书写20分钟，就可以减少很多的压力。所以，赶紧吧，用笔和纸来倾诉你所有的不愉快和烦恼吧！

适时购物可以排解内心的不快

大部分人在心情不好时会选择购物以减轻压力，事实上，购物对减压是很有效果的。在购物时，购物者几乎完成了一次角色转换，平时在工作中服务于他人的角色转换为销售员口中的“上帝”，尊严感在购物过程中得到了极大的满足。而且，在购物的时候，特别是女性朋友购物，大多保持高度专注的注意力，在这时候她们完全忘记了前一分钟还在担忧的事情。因此，当他们买到自己心仪的商品时，尤其是女性买到自己喜欢的衣服时，会特别高兴，有一种强烈的成就感，因为美丽的衣服可以增添自己的风采。当然，这个购物的过程就是一种非理性的行为，是对自身压力的一种释放。当然，我们可以知道，通过购物减压的大部分都是女性朋友。

小李是个急性子，但是偏偏女朋友喜欢逛街，而且一逛就是好几个小时，最让小李吃不消的是，女朋友好像对商品毫无抵抗力，只要看到喜欢的，不管价格如何都会毫不犹豫地买下。

细心观察后的小李发现，女朋友最喜欢在情绪波动的时候逛街，心情不好的时候，她会用逛街来发泄，心情好的时候，她也会用逛街来庆祝。不过小李庆幸的是，女朋友很少找自己开口要钱买东西。

小李现在学聪明了，每次逛街时，他都不进商场，只在门口等，等女朋友出来时再为她提东西。不过小李倒也不孤单。每当他等女朋友时，看到门口一圈男人也和他一样时，心中不禁涌出一句白居易的名句“同是天涯沦落人”……

的确，在购物心理上，男人和女人是不同的，男人通常买东西都是直奔主题，看中合适的，直接掏钱买东西。而女士逛街则看心情，当他们心情不好时，购物是他们经常选择的发泄方式，而陪女人逛街，对于男性来说却是一种巨大的心理折磨。

一般情况下，多数女人都喜欢购物。逛街也无疑是很好的一种心理宣泄的方式，但也有一类女性，往往满载而归，却对自己的“战利品”很少满意，她们常常陷入一种不买难受，买了后悔的矛盾中，这类女性常自嘲为购物狂。从心理学角度分析，购物狂和暴食症、偷窃癖一样，都属于冲动控制疾病范畴。疯狂购物的内在原因来自对商品的病态占有欲。尽管购物是减压的一个途径，但适时的购物是可以的，过度的购物只会成为一种病态行为。

小凤是典型的购物狂，最多的一次去商场买了30多件衣服，逛到最后一家商场打烊。她每个月在购物方面就要花费上万元，基本上一看到喜欢的东西就买，信用卡曾经被刷爆3次，她已经无法计算出几年下来因购物花掉的钱到底有多少。

对小凤来说，购物是一个很享受的过程。她管理公司的工作常常会带来很大的压力，每当心里不舒服或感到烦恼的时候就会选择疯狂购物。当她站在试衣镜面前，深切地感受到“人靠衣服马靠鞍”这句俗语是多么的贴切时，内心的欣喜是无法言说的。享受的过程并没有因为购物结束而结束，相反，回家之后各种战利品的试穿和搭配又让她内心高兴一把，而接下来的几天，朋友、同事因为小凤穿着漂亮衣服而赞不绝口，让她内心的这种满足感和虚荣心再次得到发酵。

在这种小凤看来“减压、愉悦”的方式成为其疯狂购物背后的强大精神动力，她在购物的瞬间感到莫名的快乐，当然，购物也成为她减压、寻找快乐的最好途径。

购物狂过度购物，内在根源也来自于外在压力。现代社会对女性的要求越来越多，不仅要貌美如花，拥有事业，还不能丢掉贤良温顺、相夫教子的传统美德，因此，职场中有些女性白领面临很大的生活和工作压力，购物就成了她们宣泄压力和负面情绪的通道之一。另外，作为女性下属没有能力控制自身的工作量，没有办法操控主管给自己带来的压力，或者生活中有很多身不由己的事情，让她们面临很大压力。这种无助感让有些女性内心极其渴望能控制和把握一些东西，购物则很好地契合了这一需求。

心理专家称：“当人无法控制自己的消费欲望，而是进入一种购物上瘾、强迫自己消费的状态时，这就不仅仅是一种过度消费了，而是一种病态购物症，在国外被广泛定义为‘强迫性购物行为’。需要及时接受指引和治疗”。那么，如何辨别自己是否属于购物狂呢？又该如何防治这种心理疾病呢？

购物狂的典型特征是：见到喜欢的就买，买完了又后悔和自责，然而这种感觉转瞬即逝，她又投入了下一轮购物战斗中。“购物狂”分为缺乏自制力的冲动消费型、由嗜好变成沉溺上瘾的过度消费型、“耳根软”的被动消费型、减低空虚感觉的逃避消费型、只爱名店的崇尚名牌型、因贪便宜而大量购买的疯狂讲价型六种类型。

如果你是一个购物狂，那么，你需要进行以下心理调整：

1. 认清压力的来源

减轻压力是“购物狂”需要进行的第一步，只有认清压力的来源，寻找到适合自己的方法，才能够从根本上解决这个问题。

当你发现自己有购物狂的购买冲动时，不妨尝试一下其他比较合理的压力宣泄的方式。宣泄的途径很多，性格外向的人可以找个地方高声大叫；性格内向的人可以把心中的不快写在纸上，寄给远方的朋友。

2. 行为主义的疗法

给购物狂制定购物计划，尽量少带钱出门。并且对于较严重的人群建议与心理咨询师多沟通，可以和咨询师之间制定一个协议，完成一个阶段的协议再去制定下一个协议。购物者还可以选择结伴出行的方式，让身边的人督促自己进行合理消费。

3. 合理搭配你的财务开支和购物计划

个人感觉是，购物的实际开支最好不要超过你最大承受能力的20%，这样购物后，由于花销所带来的“肉疼”感不至于影响到所获得的愉悦感，同时还能起到警示作用，有助于理性消费。

减压启示：

疯狂购物的内在原因来自对商品的病态占有欲，内在根源也来自于外在压力。事业的压力，工作的挑战，家庭的拖累，身不由己的种种，让购物成了女性们宣泄压力和负面情绪的通道之一。从心理学角度分析，购物狂和暴食症、偷窃癖一样，属于冲动控制疾病范畴。专家称，“购物狂”其实是一种病态的消费心理，带有强迫症的色彩，需要及时接受指引和治疗。所以，如果你选择购物来减压，那一定是适时的购物，而非疯狂购物。

读书减压，“阅读”越轻松

俗话说：“开卷有益。”阅读不但可以使人增长知识，提升个人修养，对我们的身心健康也是非常有益的。事实上，阅读更是一种减压的方式，会给我们的身心带来意想不到的惊喜。在日常生活中，人们会因为生活和工作遭受多重压力，而阅读可以有效地释放内心的压力，从而让一个人回归平静。然而对于现实生活中的我们，估计已经很久没有读书了，每天对着电脑或手机刷微博、看网页已经成为习惯，正因为这样，内心才会越来越焦虑。

英国读书俱乐部委托萨赛克斯大学的“心智实验室”进行研究发现，在各种减压方式中，阅读效果是最佳的，通常在6分钟内就能使压力水平降低68%，比听音乐和散步效果都好。因为当一个人在阅读时思绪会集中在文字上，紧张的身心可以因此得到放松。如同身体上的肌肉一样，我们的大脑也需要通过锻炼而变得更强壮和健康。通过一些研究发现，阅读可以让一个人的大脑保持活跃和忙碌，从而预防衰老。

美国前总统杜鲁门曾经在回忆罗斯福时如是说：“在经济动荡和战争时期，我只看到罗斯福总统开怀过两次。一次是听到诺曼底胜利的消息，另一次是读到斯托特的小说。”

斯托特，就是被誉为“美国古典侦探小说三大家”之一的雷克斯·斯托特，因为在《被书谋杀》《被埋葬的恺撒》等侦探小说中塑造了一个喜爱种植兰花、身体超重、性格古怪的私家侦探尼禄·沃尔夫而出名。除了斯托特，英国女作家多萝西·L·塞耶斯的侦探小说也是罗斯福总统的最爱。

在经济大萧条时期，罗斯福就是依靠塞耶斯的《五条红鲱鱼》《证言疑云》《剧毒》等小说排遣心中的压力。如今塞耶斯和斯托特的作品都被打上了“罗斯福总统减压书”的标签。

其实，不只罗斯福，他的后继者杜鲁门也偏爱阅读侦探小说减压。身处美国侦探小说写作的黄金时期，杜鲁门也为斯托特笔下的“尼禄·沃尔夫”倾倒，在处理风云变化的政治风波之余，看一看斯托特的《门铃响起》是杜鲁门最大的乐趣。

驰骋NBA赛场多年的勒布朗·詹姆斯曾在接受媒体采访时透露，自己会在季后赛中选择屏蔽外界干扰，尽可能地减少大脑的负担，但是他会阅读书籍，通过读书来减压。根据美国一项研究发现，喜欢阅读的人，生活作息更合理，饮食习惯更健康。因为通过阅读，他们一方面从书中学到了很多有用的知识；另一方面，阅读能让他们更加热爱生活。

2015年夏天，一本成人填色书《秘密花园：一本探索奇境的手绘涂色书》掀起了一股购物狂潮、填色风潮。这本由英国著名插画家汉娜·贝斯福创作的书只有264个字，共96页。这96页是作者手绘而成的黑白线稿，其间藏有各种令人着迷的风景。人们购买后，可以根据自己的喜好对其进行填色，创作出独一无二的画作。

这本书可以让普通人也能体验做艺术家的感觉，哪怕没有任何绘画功底，不过同一幅底稿，不同的色彩搭配却可以创造出完全不同的作品。这和纯文字的书有所区别，看着就有一种轻松的感觉。

人们在填色的过程中，不用太费脑力，只需要将注意力集中在小事情上，就可以从悲伤、紧张等负面情绪中摆脱出来。而且，在涂色过程中，还会感受到童年的怀旧感觉，这是一种心理暗示，毕竟在快乐的童年里很少会有压力。

网络时代，我们需要在较短的时间里完成很多事情，诸如查看邮件、同时与很多人聊天、接打电话……这种工作方式会削弱人的注意力。当我们在阅读的时候，人所有的注意力都会集中在书籍里，这可以帮助我们暂

时忘却烦恼。

1. 经常阅读，不会感到孤独

阅读可以满足一个人的归属感，让他很快地融入社会圈子，很少会感到孤独。当人们阅读到书中描述的风景、声音等时，会激活大脑的一些领域，联想到生活中的一些经验，这种感觉是我们在看电视或玩游戏时感受不到的。哪怕每天阅读6分钟，也可以减少大部分的压力。

2. 不同书籍可以治疗不同疾病

其实，不同类型的书籍，会对人体产生不同的影响。比如，当我们阅读优美的诗篇时，有助于胃溃疡的愈合；在阅读笑话、喜剧一类的书时，有利于减轻神经衰弱；而阅读那些名著的时候，可以排解内心的苦闷；读有趣的小说，可以缓解压抑的内心。

3. 大声阅读可改善肠胃功能

当一个人在大声阅读的时候，提高了氧气的输送能力，以及血液和多种氨基酸到达大脑的能力，前额大脑皮层得到活跃，神经元的数量和神经之间也加强了联系，从而使大脑得到放松，血压降低，心情也会随之变好。大声阅读，运用腹式呼吸，促使肺吐纳更多的空气，特别是阅读长句子时，肺部会彻底排空，利于吸入更多的新鲜空气。

减压启示：

你是不是已经很久没有读纸质书了？是不是对着电脑或手机刷微博、看网页已经成了你每日的习惯？如果是，那请你现在开始读书吧。读书不仅能让你增长知识，而且还能够帮助你有效缓解压力。

亲近大自然，找寻心灵的归宿

古语说：“春有百花秋有月，夏有凉风冬有雪。若无闲事挂心头，便是人间好时节。”浅显简单的道理，只有回归到大自然，我们的情绪会变得平和起来，而那些一直存在的消极情绪则会如灰尘般渺小。在生活中，物质和财富并不能让内向者的心情变得好起来，它恰恰起到了相反的作用。人生在没有事业、没有财富的时候，往往会将事业和财富当作是好心情的保障，他们总是因缺乏这些东西而产生坏心情。其实，这只是一厢情愿的想法。大多数的人终日郁郁不安，这时不妨投入大自然的怀抱，找寻一处心灵的庇护之所。

这是一篇游记：

最近，我一直为自己的身世而烦恼，坏心情就好像从我的每个毛孔钻出来，好像看什么都不顺眼，我从小就没有妈妈，她抛弃了我，我恨她，但在我内心深处，我又特别想念她，这样的矛盾心情一直折磨着我。我感觉心好累，在不知不觉间，我来到了老家，这是一个只有自然的朴素地方。

走进大自然，这里的一切都令人欣慰，平和，没有喧闹的汽车鸣叫声，没有人们的吵闹声，一切都是那么的清晰、新鲜。阳光潇洒地照耀着大地，火辣辣的太阳变得很温暖，给我心灵无尽的安慰。

漫步在辽阔的草原里，风飘过我的身旁，很清爽，很温暖，就好像一双慈母的手，抚摸着我的脸颊，很轻柔，很温暖。风的味道，简直令我难以割舍，它的味道，让我想起儿时所见过的妈妈模糊的香味，以及妈妈曾带给我的温暖。原来，世界真是变化莫测，虽然妈妈不在我身边，但风让我变得什么都满足，而这种满足是前所未有的。

走进小小的森林，我闻到了香甜的果实，抬起头来，竟然发现那些早已经成熟的果实不知道什么时候跑到了我的眼前，它们好可爱，红红的，衬托出它们美满的生活与幸福。我就好像一个调皮的孩子，轻轻地摘下一枚果实，也不顾卫生就塞进了嘴里，果实的甘甜袭来，让我瞬间忘却了一切烦恼，我好像早已经回到了孩童时代，那种可以无所顾忌地奔跑在大自然中的感觉又回来了。毫无瑕疵的大自然，清晰、美丽，漫步在这里，我早已经忘却了我为什么会来这里，我的烦恼是什么？大自然，不仅仅是美的艺术家，更是最好的心灵治愈师。

社会的复杂让我们失去了生命的自由空间，生活在这种复杂的环境中，忧虑和烦恼空前地膨胀着，我们只是不停地工作，从来没有闲暇时光，最终使得心灵干枯了。虽然我们看似得到了许多享乐，但那却不是幸福；拥有许多方便，但那却不是自由。我们差不多已经忘记了该如何享受生活，但若是回到大自然，我们的心灵将变得宁静而充盈，那种清晰的感觉唤起了我们对过去所有美好的回忆，幸福的感觉涌上来，那些糟糕的感觉早已经被覆盖而不知所终。

1. 大自然使心灵恢复平静

大自然里有什么呢？新鲜的空气、纯净的蓝天、迷蒙的烟雨、柔和的月光、连绵的青山、潺潺的流水……这一切都是美好而祥和的，它所带给我们心灵上的是平静，就好像是缓缓流动的水，带走了一直积压在心底深处的坏心情。大自然的美对每个人而言都是平等的，越是自然的东西，就越是接近生命的本质。

2. 投入大自然的怀抱

只要我们能敞开怀抱，拥抱大自然的祥和与宁静，我们就可以真正地放下心中的牵挂和忧虑，在自然的怀抱中获得自在。在大自然的熏陶中，我们早已经放下欲望，干枯而缺乏营养的心灵在自然的馈赠中获得了滋养。在大自然的怀抱中，只要我们拥有平常心，不必付出任何代价，就可以享受美好的心情。

减压启示：

千百年来，人们一直遵循着天人合一的精神，人类应该感恩大自然，珍惜大自然，爱护大自然，享受大自然，这样才能在自然中找到丢失已久的快乐和宁静。如果我们的心情变得很差，那不妨投入大自然的怀抱吧，在这里会忘记所有的烦恼，重新领悟生活的快乐与幸福，同时，也可以治愈我们心灵所有的伤痛，让坏心情如尘埃般渺小。

六个生活小情调，助你轻松减压

生活本是一张白纸，需要你自己拿着画笔，一笔一画地勾勒出美丽的风景；生活本是一杯白开水，需要你自己往里面增添甜蜜、幸福、悲伤，调制出五味俱全的味道。生活本来是平平淡淡的，主要是看你怎么来经营它了。许多人对生活充满了抱怨，总是觉得自己每天除了工作就是睡觉，已经丧失了最初的激情；有的人总是为柴米油盐酱醋茶而担忧，日子过得拮据而无味，生活让他看不到任何希望。现实生活中的人们，忙着上班，忙着挣钱，忙着照顾家庭。在忙碌的生活中，他们抱怨着，哭诉着，却不愿清醒着。其实，生活本身没有对与错，而是在于你的心态，你的生活方式。对于那些心态乐观，懂得享受生活的人，每天都是充满阳光的。所以，我们要学会为自己忙碌的生活营造一些小情调，调剂生活，更是充实自己，丰富心灵。

生活中的小情调并没有什么昂贵的奢侈品，它就如同濛濛细雨，从天上屈尊到地上，滋养着忙坏了的人，使他们每一个日子都是那么丰盈而充满意蕴。情调就是人与生俱来的情致，是骨子里最温柔的情结，是他们通过自己的感官享受和体验生活的一种方式。平淡的生活充满了枯燥、倦怠的气息，压力让我们喘不过气来，其实，这时候需要我们给自己留一点时间，为乏味的生活营造一些小情调。生活越是忙碌，越是枯燥，越需要情调。情调在一定程度上为自己减轻压力，消减负荷，让我们烦闷的心情得到放松得到释放，让我们重新体会到生活的美好。

王姐是个精明能干的人，曾经在好几家大型公司当过副总，MBA学位，美丽、漂亮、优雅！她之前有段短暂的婚姻，一年之后就因为性格不合而离婚了。离婚后，她把心思都投入到工作上去，日子虽然过得很忙碌，但是她的生活却很小资情调，没事就学学插花、看看电影，那份闲情逸致，让身边的朋友羡慕不已。

王姐出生在一个富商之家，从小耳濡目染，骨子里喜欢有情调的生活。虽然长大后的她，整日处于很忙碌的状态。每到休息之余，她又会想起自己那情调的生活来。在不上班的时候，她就喜欢逛花市，一逛就是一上午，每次回家，不是手捧一把鲜花，就是提一盆花。除此之外，她还经常去学习插花，在老师家里一待就是一下午。如今，她的插花技术日益长进，哪怕是一个很粗糙的瓶子，凭着她的心灵手巧，美丽和诗情就活现在眼前了，或是放在案头，或是放在居室，她说，那时，她有美丽的心情。

对于每一个生活忙碌的人来说，情调并不是什么奢侈品，也不需要我们花费多大的精力。当你周末无聊的时候，窝在最心爱的沙发里，翻着一本心仪的书，泡上一杯沁香的玫瑰花茶，这时候，生活的情调就会慢慢萦绕在你身边，牵动你内心最柔软的部分。生活需要情调，而情调也充斥着生活的每一个角落，只是需要你去发掘它们，并弹奏出最优雅的调子。

情调就如同生活的调味品，为你的生活增添别样的味道，使你的生活不至于单调乏味。在更多的时候，它只是一种愉悦的心情，那就是在微雨的天气，故意把雨伞收进包里，独自走在大街，感受细雨的朦胧，细雨的浪漫，那份怡然自得，也就是情调；在寂静的夜晚，迷人的灯光，穿上最美丽的衣裳，浅浅啜饮，品尝红酒的魅惑；夏日的午后，独自倚着窗，凭栏眺望，佳人品佳茗。情调，其实就暗暗隐藏在我们生活的每一个角落，需要我们于细微处去发现，用心去体味。

1. 听听音乐

通常一曲节奏明快、悦耳动听的音乐，会让我们内心的不快烟消云散，乐而忘忧。当音乐如流水一般缓缓而来，体内的神经体液系统处于最佳状态，从而达到调和内外、协调气血通行的效果，达到消乏、怡情、养性的目的。

2. 练练书法、绘绘画

有人把绘画、练书法比作气功锻炼，因为练书法和绘画都要求必须平心静气、全神贯注、排除杂念，这与气功是有异曲同工之妙的。而且，当练书法和绘画的时候，需要讲究姿势，这不仅可以排解内心的不快，也可以令人保持一种平和的情绪。

3. 垂钓

一般而言，适合垂钓的地方大部分在郊外，常常到郊外走走，本身就是一种身心释放。而且在水边湖畔，空气异常清新，负离子含量高，令人感到悠然自得，心旷神怡，能起到减压、减轻疲劳的作用。

4. 养花

养花不但能供人欣赏、美化环境，更令人赏心悦目，而且花香更让人痴醉。鲜花释放的花香，可以通过人的嗅觉神经传入大脑后，令人气顺意畅、血脉调和、怡然自得，产生心情愉快的感觉。

5. 跳舞

根据研究发现，即便是慢步舞，其能量消耗也是人处于安静状态下的3~4倍。当然，跳舞时为了与音乐协调，必须全神贯注，集中于音乐和舞步中，加上轻松愉快的音乐伴奏和迷人灯光的衬托，这是一种美的享受。

6. 旅行

近几年，旅行已成为减压和疗伤的代名词。旅游可以使人饱览大自然的奇异风光和历史、文化、习俗等人文景观，令人获得精神上的享受。当然，置身在异域风景中，呼吸新鲜空气，让身心来一次任性的出行，更令人感到放松。

减压启示：

我们要学会为自己减压，为自己的生活营造一些小情调。其实，不是生活中缺少了情调，而是缺少了发现情调的那颗细微的心。说到底，情调就是一种生活的态度，一种平和的心态，一份闲情雅致，一份优雅情怀。

减压游，一起在旅途中减压吧

旅行，大部分人都会把它和兴高采烈或者快乐联系在一起，不论去哪里，旅行总是一件令人感到快乐和轻松的事情。事实上，旅行除了观光玩要之外，对身心疲惫的现代人而言，更是减压的最佳途径。根据调查，有80%的中国人把旅游当做减压的首选，当然，一些旅行社也适时推出减压游。此外，那些在感情中受伤的年轻人，更是把旅行当做疗伤的途径。所以，我们经常会看到诸如“最适合疗伤的十大旅行圣地”“一个人的疗伤之旅”，等等。

其实，旅行减压在古代早就流行。那些在仕途上失意的人往往会寄情山水，在大自然中抒发胸臆，或释放内心的烦恼，比如我们熟悉的李白、陶渊明、王维，等等。当人们置身在大自然中，心胸就会变得开阔，看着高山、大海、沙漠，人会感觉到自己很渺小，内心的压力和失意也会淡化很多。

沿途风景如画，不辜负这一路的辛苦。沿线风光旖旎，泉水叮咚，峭壁峥嵘，在路过三泉的时候，不时有滴水从公路边上的峭壁顺势而下，滴落在车窗边，凉爽无比。那公路旁河水冲出的堤坝，蜿蜒曲折，河水在阳光的照射下波光粼粼，令人不禁想起一首诗：“岭上千峰秀，江边细春草。今逢浣纱石，不见浣纱人。”

……

过了德隆，辗转到了金山镇。一路上那古老神秘的峡谷丛林、溪流纵横的奇山峻岭、美妙和谐的自然风物，宛若梦寐以归的人间仙境，如若用心灵和视觉来感受，体能的疲惫、心灵的胆颤、原始的震撼，都会被这旷美的金山镇抛在了一边。

行走在旅途的时光总是那么短暂，拖着疲惫的身体回到南川，已是晚上的八点。有人说，人生最好的旅行，就是在陌生的地方，发现一种久违的感动。环游金佛山，最令人感动的却是这一路上的风景与醉人的美食。

俗话说：“读万卷书不如行万里路，行万里路不如阅人无数。”在一段旅途中，就有了行万里路和阅人无数的机会。在行路和阅人中，一个人的视野也会渐渐开阔，见识也会不断增加，思维也会不断通达，人的境界也会不断提升，那对于生活中的那些烦恼也就不会那么在意了。

当人们的视野和见识到达一定的高度，就学会了转换视觉。他们会将本来令人烦恼的事情，换个角度再分析，就会发现呈现在另一面的美妙风景。从某种角度而言，旅行的优势是其他减压方式都无法代替的。旅行最大的好处，不是见了多少人，也不是看了多少美丽的风景，而是走着走着，忽然认识了自己。当然，一个能够清醒认识自己的人往往比较乐观。

2010年上映的*Eat Pray Love*是一部由朱莉娅·罗伯茨主演的风光疗伤片。台湾上映的时候，这部影片叫做《一个人的旅行》，香港上映的时候叫《再单身游记》，而大陆上映的时候叫做《美食、祈祷和恋爱》。离婚后的女主人公，意大利、巴厘岛、印度一站一站走下去，最终用一年的时间找到了自己。是的，找到自己，我想这是旅行最大的价值。

繁忙的工作中，身边经常听到的一个字就是“累”。身体的疲惫也许一个短暂的休息就能让你恢复活力，精神的压力则需要有效地释放，而此时减压最好的方式就是旅游。旅游本身就带有诸多令人放松、愉快的要素，所以是很多人的梦想。

1. 放慢节奏，享受愉快假期

现代人的生活节奏都太快了，快就是压力的一个重要来源。所以旅行如果想要放松，就一定要慢下来。最可能实现减压的旅行就是在旅行目的地住上些日子，无论长线游或短线游，想休一个让自己放松的年假，就要全身心地投入到旅游生活中去。如果你只是去三天游、五天游，反而会让自己身心更加疲惫。

2. 不受任何干扰，尽情释放

减压式的旅行必须给自己创造一个不受打扰的自由空间，关掉手机，关注体会。比如，看到美丽的风光，不是急着拍照，而是用鼻子闻、用耳朵听、用眼睛看、把心沉静下来去感受，这种方式可以帮助你找回自己。快乐就笑，郁闷就大声喊出来，难过就放声哭，在自然的空间里释放自己、感受自己，可以让你头脑清醒，身体就像重新充过电一样。

3. 深度旅游，从大自然获取能量

自然界充满了一种积极向上的生发力量，这些力量是像空气一样可以呼吸进身体的。可以选择一些具有悠久历史、文化底蕴、风景如画的景区，来一次深度游。沐浴在大自然中，即使什么都不做，身心也会得到很好的调养。大自然空气中含有大量负氧离子，对人的健康大有益处。

4. 走到哪里，哪里就是风景

除了大家熟知的旅游景区、景点，越来越多的游客在平时的节假日更青睐于“走到哪里，哪里就是风景”的无景点旅游方式。知名的景区、景点车多人多，再长的假期也无法减压。越不知名，越是古老的景点，越有味道。

减压启示：

美好的风景往往会激发人们对生活的热爱，会让我们知道，生活中还有这么多美好的事情。人只要走出去，敞开胸怀，就有机会放下烦恼再次拥抱幸福，最可怕的是完全封闭自己，总沉浸在自己的忧伤中自怨自艾。

第07章 情绪宣泄法：给压力寻找一个泄洪通道

沉重的生存压力，复杂的人际关系，疏远的情感世界，使得人们的心理负荷不断增加，从而变得神经敏感，很容易被消极情绪困扰，长时间处于抑郁的状态，这时候需要给情绪一个宣泄口，疏导、宣泄心中的愤怒情绪。

发泄室：大声喊出内心的愤怒

愤怒是一种情绪，也是一种可能会伤害到自己、身边的朋友、亲人的负面情绪。这种消极的感觉状态，通常包括敌对的思想、生理反应和适应不良的行为。很多时候我们都会因为一些小事情而导致情绪激动，许多人根本难以控制自己的情绪，而且很难通过一种积极的方式来宣泄内心的愤怒。

2014年，据英国《每日邮报》报道，位于意大利福尔利的一家“愤怒发泄室”意外走红，受到人们的普遍欢迎，在这里，人们可以肆意打砸屋内所有物品来宣泄愤怒、舒缓压力，这对生活、工作等带来的减压效果不可小觑。这间著名的“愤怒发泄室”由金属外墙打造，室内家具等物品齐全，前来发泄的人每小时付款35欧元（约合人民币300元），便可以在屋内随意打砸破坏来宣泄所有的愤怒和不满。而且，每位参与者进屋都会穿戴头盔、手套和特殊备具，配有一支棒球棒作为发泄工具。这样一来，人们以这种方式进行合理的情感宣泄和压力释放，能够缓解内心被压抑的情绪而不至于伤害爱人或是激怒上司，可间接拯救婚姻和职场中的关系危机。

当然，如果你所居住的地方并没有专业的“发泄室”，那我们还可以寻找其他的方式来发泄情绪。

日本有的组织和单位搞的“健康管理室”，就是采用这种方式。比如，两个人吵架了，产生了比较大的纠纷，就可以把他们领到“健康管理室”来组织双方接受健康管理教育。

第一个房间，一进去，对面有个落地大镜子，两个人站着照镜子。双方在吵架时，感觉不出自己的面貌变化。而通过落地的大镜子，就可以发现自己脸红脖子粗，非常激动，威风马上就下去了，自己就感到自己今天有些失控，于是提醒自己要控制情绪。

然后到第二个房间，是一排哈哈镜，双方依次照镜子，通过这些镜子

启发双方要正确对待自己，正确对待别人，不能像哈哈镜那样把自己看得很高大，而把别人看得很矮小。

然后再向前走，进入弹力球室。在地板上和房顶上各有一个钩子，中间用橡皮条紧紧拉着一个球，挂得一人多高。让每人用力打三下，由于弹力作用，球弹回来正好打在自己额头上，以此来启发双方认识人与人的关系就同作用力与反作用力的道理一样，你伤害别人，别人就会伤害你。

再往下走，是傲慢像室。里面有一个稻草做的非常傲慢的草人，每人用棒打三下，让双方发泄一通，并启发他们否定这种傲慢态度。

再往下走，走廊两边挂着许多照片，一边是青年人应该怎样生活、学习，如何正确对待别人、尊重师傅和长辈；另一边是青年人在酒吧间里鬼混、打架斗殴等日本社会的黑暗面。两边对照，启发青年要正确对待生活。

最后双方交换意见，互相表态，问题得到解决。

这样的“健康管理室”只是一系列的房间，而它们的作用就是很好地让双方能够逐渐泄愤释怒，清楚地认识自己，最后心平气和地双方彼此交换意见，互相表态，就把问题给解决了。一般来说，当人处于困境、逆境时容易产生不良情绪，而且当这种不良情绪不能释放、长期压抑时，就容易产生情绪化行为。怎么办？

就目前而言，国内缺乏一些专业的“发泄室”，当然，这并不能让人觉得自己砸东西或对人大喊大叫就可以很好地发泄，因为这样的做法尽管使自己得到了释放，但却给他人带来了伤害，所以我们也可以寻找一些其他发泄愤怒情绪的方式。

1. 运动

当你感到生气的时候，或许不想动，但是运动可以很好地平复你的心情，同时也是恰当的发泄方法。当身体在运动的时候，可以帮助你释放脑内啡，还能够帮助你产生快乐和幸福的化学物质。所以，当发现自己情绪不好，可以选择有氧运动，比如散步等来缓解压力。

2. 下厨

当家庭主妇生气的时候，不要冲着孩子发脾气，可以做一些美味的食物，比如在揉捏面团时可以帮助自己释放怒火。当你时刻关注自己的食谱，根本没有时间去想那些烦心的事情，而且，做一顿美味的食物，这本身就是一件快乐的事情。

3. 小憩一会

如果你觉得自己的压力非常大了，甚至无法控制自己的情绪，这时候可以选择喝一杯菊花茶，然后放松稍微休息一会儿。其实，放松自己的时候，大脑显得非常重要。小憩半小时，清醒的大脑可以让你更加理智地解决问题。

4. 把遇到的问题写下来

我们可以把自己遇到的问题和不良的情绪写下来，这也是一种健康的泄愤方式。这种方法可以帮助自己对烦恼事情进行分类，便于找到合适的解决途径。比如，假如你讨厌自己的上司却不想辞职，又不能将这些想法说出来，那就写下来宣泄自己的情绪。

5. 学会大笑

生气的时候大笑，这几乎是不可能的事情，但对于泄愤却很有效果。比如，看一些搞笑的动物图片、看几部喜剧片、读一些有趣的故事，这些方式都可以帮助自己发泄愤怒情绪。

减压启示：

生活工作中难免有不顺心的事情发生，导致你愤怒的情绪蔓延开来，愤怒是一个人遇到挫折时的自然情绪反应。当我们愤怒的时候，我们要知道如何发泄愤怒，排解心中的不快，减轻愤怒带来的不良影响。

哭泣减压，有委屈就要哭出来

哭泣，是人类情绪的表达方式之一，历来被看做是可以减压的方式。通过一些研究显示，哭泣能够缓解人们紧张、焦虑的情绪，于是很多人，尤其是职业女性在面对压力时，会通过大哭一场来释放压力。当然，也有人认为，自己在边看悲剧电影边哭泣时，会睡得特别香，连过去的失眠症也消失了。

在人们普遍的概念中，哭泣是女人和孩子的专利，男人则是“男儿有泪不轻弹”，孩子和女人就不一样了，高兴的时候可以哭，感动的时候可以哭，生气的时候可以哭，烦躁的时候也可以哭，甚至连无所事事的时候也可以哭……哭泣常常被人当做一件不好的事情。当然，从心理学角度来说，适当的哭泣对身心是非常有益的。

日本是出了名的工作紧张压力大的国家，通过调查显示，70%的日本人都感到有压力。所以，如何减轻压力在日本成为了备受关注的问题，为了减轻压力，日本人想出了许多方法。

2014 年在日本东京流行一种“哭泣”疗法，受到了那些平时想哭又不敢哭的人的热捧。人们普遍会认为，心情不好时大哭一场可以帮助自己释放不良情绪，心情自然会好很多。不过，由于害怕丢面子等原因，并非所有人都能随时放声痛哭。

在日本东京，寺井广树曾是一名“离婚仪式”主持人，在见证了许多夫妻和平分手后又痛哭流涕的场面后，寺井发现，哭在人们转换心情和释放压力方面起着很重要的作用。于是，他创办了“哭泣疗法”学习班。在课堂上，老师通过播放悲情电影为学员营造悲伤的气氛，进而刺激想哭的学员痛痛快快哭一场。“哭泣疗法”学习班开办至今数月，已经吸引了大批不同年龄层的学员，大家普遍反映效果不错。

曾有研究认为，人们在情绪压抑时，会产生某些对人体有害的生物活性成分。而人们在哭泣后，其情绪强度一般会降低40%。而那些不哭泣、没有利用眼泪把情绪压力消除掉的人，却影响了自己的身体健康，促进了某些疾病的恶化。

美国明尼苏达大学心理学家威廉·弗莱对哭泣做了长达5年的研究，结果显示，在一个月之内男人最多哭7次，而女人的流泪次数则超过30次。通过研究发现，眼泪甚至可以发送自我保护的信号。一般来说，父亲都惧怕小女孩的眼泪。当一个小女孩向父亲索要什么东西的时候，如果父亲拒绝，那么她就会马上浸湿眼眶，一颗晶莹剔透的泪珠就滑落下来，于是父亲开始放下自己的权威，马上向小女孩投降。

日本东邦大学名誉教授、脑生理学专家有田秀穗将著名的悲情片“佛兰德斯的狗”与“萤火虫之墓”给20名成人观赏，并在此过程中进行了受试者大脑血流量的检测。

实验发现，在看影片的受试者中，约有九成人在中途哭泣。在他们开始哭泣前的1~2分钟，大脑的前额叶区血流量会缓缓增加，到了哭泣前10~20秒，血流量会急速增加，同时心跳与血压上升，处于兴奋状态。

哭泣过后，血流量开始缓缓下降，恢复到原来的状态。有田教授认为，人之所以会在看片子的时候流泪，这是因为当人看到自己深有同感的画面时，前额叶区活动会变得频繁，进而发出“流泪”的指令，而这是只有大脑发育较为发达的人类才能流出的眼泪。

根据心理测试显示，哭泣之后的人的心理中，紧张、不安、混乱、愤怒等情绪的比例很小，经常有人会说“大哭一场之后，整个人感觉轻松很多”“哭完之后感觉神清气爽”。之所以出现这样的情况，是因为情绪性的哭泣之后，与放松状态关联的副交感神经会替代与兴奋紧张状态关联的交感神经，对人体的情绪起着主要的控制作用。换言之，人们通过“哭泣”这样的行为，自发性地切换交感神经与副交感神经的作用，达到发泄情绪、减压的目的。

当然，也有人表示哭泣并非最佳的减压途径。一些人经常会用哭泣减压，结果哭得自己都心痛，不过哭过之后情绪就平复了，又有勇气面对生活了。但是每次哭泣之后，都需要差不多一天的时间来恢复，结果真的是筋疲力尽。

压力的来源有很多，压力过大可能源于人际关系紧张。如果在面对压力时，可以获得家人、朋友、同事等良好的人际支持，就能够有效化解压力。在这种良好的人际关系中也能获得愉悦的情绪，会比较乐观地应对压力。通过哭泣减压，确实值得推荐，可以作为正常的情绪发泄渠道，但没

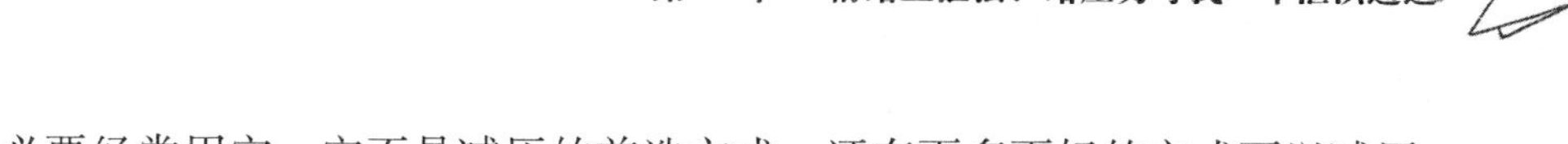

必要经常用它。它不是减压的首选方式，还有更多更好的方式可以减压。如果经常哭泣，而且情绪调整不好的话，只会越哭越伤心。

减压启示：

心理专家表示，哭泣是宣泄压力的一种方式，可以偶尔为之。但是并不是所有人都适合用哭泣的方式减压。一般来说，基础人格不同，应对压力的承受能力也不同。通常人们哭泣后，情绪强度会降低40%，但是压抑的心情得到发泄、缓解后就不能再哭，否则对身体有害。

减压：开怀大笑是最佳的自愈药

心理学家说："健康的开怀大笑是消除精神压力的最佳方法之一，同时，也是一种愉快的发泄方式。"当压力来临、或者遇到了烦心的事情，我们应该忘记心中的忧虑，开怀大笑，败一败自己的火气。笑完了，压力也就消失了，愤怒的情绪也回归到正常状态了。我们常说"笑一笑，十年少"，在西方也流传着这样一句谚语："开怀大笑是剂良药。"笑对一个人身心的益处，得到了中西方医学专家的普遍认可。美国心理学家史蒂夫·威尔逊是"世界欢笑旅行"组织的创始人，他这样阐述了"笑"："笑很简单，它是人类与生俱来的本领，笑也很复杂，蕴含着许多人们可能从来没听说过的学问。"对此，威尔逊对笑进行了多年的研究，他号召人们用笑赶走烦恼、焦虑。所以，当压力来袭，尽情地大笑吧，这样会助你调节情绪，平复心境。

芬兰科学家通过多项实验和调查发现，人一生下来就会笑。简单地说，人可以不需要学习就能发出笑声，刚出生的孩子会在睡梦中微笑。但是，诸如悲伤、烦恼等负面情绪以及表达负面情绪的愤怒、哭泣，则需要通过亲身体验，慢慢学习而来。另外，相对于心中忧虑而引起的皱眉来说，笑调动的肌肉数量更少、用力也要小一些。那么，既然，绽放笑容变

得如此简单，为什么不少一点烦恼、愤怒，而多一些开心的笑呢？

卢刚大学毕业后，进入了一家大公司，不过，拿着名牌大学的毕业证，他却在办公室里当了一名普通的文员，这令卢刚十分苦恼，心中常常为此愤愤不平。另外，由于卢刚不太善于表现自己，内心有着强烈的自卑感，使得自己的才能无法施展开来。过了一段时间后，卢刚觉得生活压力越来越大，浑身都没有精神，莫名其妙地失眠。卢刚觉得自己心理有了问题，在一个星期天，他走进了一家心理咨询中心。面对医生，卢刚倾诉了心中的苦闷，不过，医生并没有给吉姆任何的劝导，而是提出一个小小的要求："每天早晨起床后，什么不要干，先对着镜子里的自己笑一下，在一天的工作中，如果感到苦闷了，就找个安静的地方，开怀大笑一番。"卢刚半信半疑，但是，还是照心理医生的话去做了。

一个星期过去了，卢刚又去了医院，医生问他："感觉怎么样？情况是否有所改观？"卢刚感慨地说："真没想到，这个办法真的很灵验。"原来，刚开始照镜子的时候，吉姆被自己的样子吓了一跳：眉头紧皱，满脸沮丧，活脱脱一张苦瓜脸。虽然，以前卢刚也会对着镜子剃须、洗脸之类的，但那时都是面无表情，卢刚意识到自己好久没有认真地审视过自己了。卢刚想着以前自己是一个快乐的小男孩，记得自己以前也是喜欢笑的，可是，当他第一次对自己微笑的时候，却发现笑容变得十分僵硬。后来，卢刚开始每天对镜子里的自己笑，他在镜子里看到了一个快乐的自己，他感到浑身的力量回来了。

卢刚有些疑惑地问医生："请问这是什么道理呢？"医生笑着说："笑赶走了你内心的怨气和忧虑，为你带来了自信和快乐，因此，你的生活和工作都有了较大的影响。"听了医生的话，卢刚恍然大悟，以后，在办公室里，同事们经常都能听到卢刚那爽朗的笑声。

然而，现代人笑得越来越少了，事实上，我们要想做到笑口常开，就需要自己有意识地做一些努力。我们可以试着培养这样一些习惯：每天起来，对着镜子给自己一个笑容；遇到匆匆而过的行人，尽量给对方一个笑容；如果平时不怎么喜欢笑，可以多观看一些喜剧片或笑话；强迫自己笑，慢慢地，笑就会变成一种习惯。

美国马里兰大学医学教授迈克尔·米勒教授说：“大笑可以提高内啡肽水平、强化免疫系统、增加血管中的氧气含量。”对此，有关心理专家认为，健康的开怀大笑有以下六个好处。

1.燃烧卡路里，帮助保持身材

德国研究人员发现，大笑10~15分钟可以增加能量的消耗，使人心跳加速，并燃烧人体一定能量的卡路里，所以，大笑是保持身材苗条的最佳方式。

2.增加自身免疫力

大笑能够使一个人体内的白血球增加，促进体内的抗体循环，这些都能增强免疫能力，对抗病菌。同时，大笑还有助于血液循环，加快新陈代谢，使人更加有活力。

3.减少心脏病发生的机会

科学家通过研究显示，那些喜欢大笑的人患心血管疾病的概率比较低，因为笑能够使人的血液循环更好，血液的流通则可以有效避免有害物质的积聚，这样就减少了对血管的威胁，因此，笑可以使一个人的心脏更强壮。

4.能够为你带来好运气

一个喜欢笑的人，他的运气一定不会太差。因为笑容可以让一个人看起来更有魅力，更自信，同时，还能够促进自我价值感的上升，有助于人们克服困难。

5.笑是特效止痛剂

笑容是最自然、最不具副作用的止痛剂。当一个人大笑的时候，脑中的快乐激素就会释出，这能够缓和人体的各种疼痛。因此，一些患病的人会经常微笑，因为这可以减轻他们的病情。

6.能够赶走压力，消除负面的情绪

当一个人大笑的时候，身体会立即释放内啡肽，从而赶走压力，驱走内心的负面情绪，释放压力。即使强迫自己大笑，也会产生同样的效果。

当然，我们所需要的是健康的开怀大笑，这有一些前提的条件。比如，高血压患者应该尽量避免大笑，否则会引起血压上升、脑溢血等；正处于恢复期的患者也要避免大笑，因为这有可能使病情发作；还有，当一个人在吃东西或饮水的时候，也不要大笑，以免食物和水进入气管，导致剧烈咳嗽，甚至是窒息。当自己有了巨大的心理压力，或者内心郁积着负面情绪，不要跟自己较劲，不妨选择健康的开怀大笑吧！

减压启示：

有一位智者很喜欢大笑，而且，通常是在嗔怒时大笑，弟子感到不解："既然这么生气，为什么会选择笑呢？"智者这样回答："因为大笑可以帮我赶走内心压力，即使我强迫自己大笑，也能够达到这样的效果，所以，既然笑能有如此的作用，我又何苦选择生气呢？"

美食减压法，吃货最坚强

有这样一个小故事：据说日本有位朋友，去买煤炭想烧炭自杀，结果看见了特价的秋刀鱼便买回家烤了吃，当他吃完之后觉得生活好像也没有那么糟糕，于是果断地放弃了自杀的念头。又到年底，大大小小的会议、各种年终总结以及即将面临的各种人情压力和"逼婚"的压力让很多人彻夜难眠、脾气暴躁、悲观失落……这种年底焦虑症的情绪，在近几年以高发病的态势在职场中不断蔓延。

事实上，许多人在面对压力时总想吃东西。这是因为当人体面对巨大身心压力的时候，大脑将信息传输到视丘下脑下垂体，随后启动一系列对抗压力的荷尔蒙作用机制，如肾上腺素分泌激增，使人体快速从肝脏将大量的葡萄糖以及从肺脏将大量氧气供给至全身血液中，赋予身体活力以应对突然的紧张状态。对于那些上班族而言，尽管抗压荷尔蒙有助于应付压力的来袭，但长时间这样，抗压荷尔蒙的分泌会疲乏，从而加速体内盐分

流失、血糖降低，自然会很容易感到饥饿。

日本作家吉本芭娜娜在其成名作《厨房》的开篇中说："在精疲力竭的时候，我经常会深思默想：不知何时辞别今生之际，我愿意在厨房咽下最后一口气。无论孤身流落寒冷的地方，或是与人共居温暖的地方，只要那里是厨房，我就能够直面死亡，毫无畏惧。"

厨房或许是一个人可以获得些许安慰的地方，下班后忙碌在厨房里，在飘散着油烟味和食物香味的厨房，让人会暂时忘记一些处世的艰难，忘记许多烦恼和不愉快。食物除了满足味蕾需要，还能抚慰疲惫和焦躁，甚至给生活带来一些意想不到的乐趣。

事实上，零食也可以有效减轻压力。在日常生活中，我们发现有的人没有零食就受不了。尤其是一些女性，似乎零食成为了她们仅次于食物的物质粮食。相信绝大多数女性都有喜欢买零食、吃零食的嗜好，她们经常会在超市买大包大包的零食，放在自己的身边，便于自己随时可以拿来吃。她们家里的每个角落似乎都能找到零食的影子，零食成为了她们生活的一部分。其实，像这类离不开零食的人，她们的内心其实是很有压力的。

一位很年轻的女孩去看病，说最近四个月，她的体重增加了20公斤，而发胖的主要原因就是吃了太多的零食。

这位女孩，毕业于外地一所综合性大学，四个月之前才来到本地。在这之前，她从未离开父母一个人单独生活，但因为毕业分配，不得不离开父母。对将来怀有很大希望的她，便搬来本地，过着枯燥无味的一个人的生活。

每天，当她从工作单位回到自己的宿舍时，没有人迎接她，只有冷清、黑暗的空房子，晚餐也得自己动手准备，这就是她每天的生活。她难以忍受这极其孤独的生活，因此当她独自在仅仅只有她一个人的屋子里时，会涌起吃的冲动，所以就开始乱吃零食，因为只有多吃零食，心理才能获得平衡。时间长了，就会形成一种恶性循环，当这次冲动刚平静，下次的冲动又会袭来，于是随着自己的冲动不断地吃，到最后一天三餐根本离不开零食，每天她都会为自己准备很多零食。由此养成习惯后，她便是每天不停地吃零食。

不久后，除了每天吃零食以外，家里的抽屉还必须经常塞满各种零食，否则她就会感到不安。而且这种离不开零食的习惯，也带到了单位，办公室的抽屉里也经常塞满饼干、面包，只要一有冲动，也顾不得是否上班，马上偷偷拿出零食来吃。难怪四个月内会胖了20公斤。

其实造成其行为的原因，源于她离开了父母，独自一个人在外地生活。当心里感觉孤寂时，找不到别的排遣孤独感的方式，只有靠吃零食才能安抚自己。所以，当很多人在失意、孤单时，便会有吃零食的冲动，严重时甚至会出现暴饮暴食的现象。

尽管我们可以用美食减压，不过还需要选择健康的饮食，切忌暴饮暴食。

1. 情绪不佳可多吃含钙的食物

当我们在遇到不顺心的事、性情急躁、脾气不好时，选择含钙多的食物，具有安定情绪的效果。像牛奶、乳酸等乳制品以及小鱼干等，都含有丰富的钙质，吃后会有比较明显的疗效。

2. 心情紧张或慌乱，多吃维生素C食物

当我们受到某些刺激或恐吓，或遇到某些紧张环境，心中产生恐慌时，多吃些富含维生素C的食品，这具有平衡心理压力的效果。因为我们在承受某些比较大的心理压力时，身体会消耗比平时多8倍左右的维生素C，所以应该尽可能地多摄取富含维生素C的食物，像菜花、芝麻、水果等。

3. 聚会不胜酒力多吃蛋白质含量高的食品

当参加聚会不胜酒力时，心理压力必然很大。这时，可以多吃些鱼虾、肉类、蛋品、豆腐、奶酪等蛋白质含量高的食品，既可以防止醉酒，又能增强营养效果。而且，牛奶会在胃壁内形成一层保护膜，所以在饮酒之前先喝上一杯牛奶，既能护胃又能避免或缓解醉酒。

减压启示：

一个人口欲的满足是最基本的一种欲望，当他们感到孤单无助时，而又苦于找不到其他的消遣方式，于是就激发了她们最原始的一种欲望，那就是吃东西。而在这种情况下，美食，就成为了他们排遣压力、消除孤单的方式。

保持忙碌的状态，无暇忧虑

曾经有一位女士发出疑问：“我每天都感觉到非常忧虑，我该怎么办？”难道你生活中真的没有其他事情了吗？照顾家庭，或是努力工作，如果你把花费在忧虑这件事上的精力分一大半给其他事情，情况是否会有所好转呢？我相信，保持忙碌的生活，绝对会让你没空去理那些毫无意义的忧虑。

萧伯纳曾说：“人生之所以活得悲惨，是由于有闲暇时光烦恼自己是否过得快乐。”在生活中，我们千万不要没事找事，不要总想着自己是否快乐，而是马上行动，让自己忙碌起来。忙碌地工作会让一个人觉得时间过得很快，同时还会加速身体的血液循环，让思想变得敏锐。工作的忙碌感会驱散藏匿在内心的忧虑，假如你正在忧虑之中，那就马上找事情做，让自己变得忙碌起来。事实上，这绝对是消除忧虑的最佳方法。

有一次，卡耐基坐车从纽约到密苏里州，在餐车吃饭时认识了一对来自芝加哥的夫妇。

这对夫妇有一个非常可爱的儿子。不过，在珍珠港事件爆发之后，他们的儿子就参军了。那位夫人曾经非常担心儿子的安全，整天都会想：儿子现在在哪里呢？他们在战场吗？他受伤了吗？他是否还活着？……因忧虑过度，夫人差点患了忧郁症。

后来，这位夫人将女佣辞退了，她想要亲自来承担家里一切的家务活。不过，她在做这些家务时总是不够投入，只是机械性地完成它们，她的大部分心思依然在担心自己的儿子，所以好像并没有什么效果。当她在铺床、洗碗时还是担心儿子时，她意识到自己应该找一个让自己从早忙到晚的事情做，这样自己才没有空闲的时间去想儿子。于是，她应聘到一家百货公司做售货员。

售货员的工作是异常忙碌的，当她还来不及思考什么，那些顾客就会拥挤在她身边，询问商品的价格、尺寸、颜色等问题，一秒钟都停不下来，她当然无法考虑工作以外的事情。晚上下班后，她所想的不是儿子的事情，而是如何让自己酸痛的双脚休息一下。所以，吃过晚饭之后，她累得倒头就睡，没有时间和精力去忧虑了。

最后，这位夫人说："我很喜欢约翰·考伯尔·伯斯在其著作《忘记不快的艺术》中所说：'当一个人认真做一项工作时，能获得一份闲适的安全感、内心深处的宁静和因快乐而产生的迟钝的感觉，一切这些都可以令心灵感到欣慰，达到心灵平静的目的。"

在现实生活中，大多数朋友在工作或忙碌时可以做到忘记自己，摆脱生活中的烦恼。不过一旦闲下来，或者下班后回到家里，那空闲的时间是难以打发的。本来这段时间是休闲的快乐时光，不过却让内心深处的忧虑趁虚而入，人们开始怀疑人生的意义、总在考虑自己应该怎么做、生活太过于枯燥、今天被上司批评了、或者自己是不是身体出现问题了。

奥莎·强生，世界最著名的女冒险家，著有传记故事《与冒险相伴》。可以说，她是一位与冒险缔结姻缘的女人，而且在这个过程中受益诸多。

奥莎·强生在16岁那年嫁给了马丁·约翰逊，并随着丈夫离开堪萨斯州去了婆罗洲，最后定居在婆罗洲的野生丛生里。在过去的25年里，奥莎跟随丈夫周游了世界各国，并将亚洲和非洲即将灭绝的野生动物拍摄记录下来。

他们在9年前回到美国，四处做旅行演讲，放映他们拍摄的专题片。不幸的是，当奥莎与丈夫从丹佛飞往西岸时，乘坐的飞机撞到山，约翰逊先生当场死亡，而奥莎被医生宣布说无法再站立起来，将终生卧床的命运。

奥莎·约翰逊无意中看到了丁尼生在诗歌中吟诵："我必须不停地盲

目以忘记自己过去的伤痛，否则我会精神崩溃的。”所以，令医生感到意外的是，就在3个月之后，奥莎已经坐着轮椅向人们发表演说了，后来，她陆陆续续差不多就坐在轮椅上完成了上百场的演讲。当有人为她为什么这样做的时候，她说：“我不停地忙碌，是因为不想给自己痛苦和忧虑的时间。”

英国总统丘吉尔曾说：“我太忙了，根本没有时间忧虑。”无暇顾及忧虑，这是丘吉尔的名言。在第二次世界大战期间，在战事最紧张的时候，丘吉尔每天工作18个小时，即便肩负重任却不会忧虑，因为用他的话说，根本没时间忧虑。

减压启示：

当我们处于空闲时，心境近似于真空状态，那些原始的情绪，诸如忧虑、恐惧、厌恶、嫉妒、羡慕等情绪就会占据心境的空间，从而打破内心的平静，那本来的快乐、乐观情绪就会被驱赶出心境。所以，如果你想改掉自己忧虑的习惯，那必须坚持第一条规则：保持忙碌的生活，忧虑的你必须马上找事情做，否则你只有在绝望中挣扎，最终被忧虑吞噬。

心情不佳，唱唱歌吧

当人们唱歌的时候，音乐在人体里产生共鸣，从而改变人们的身体和情绪状况。当一个人处于相对紧张、焦虑、身心困扰的不协调状态，就会产生负面情绪。事实上，健康与情绪有紧密的关联度，心情不佳会严重影响到人的正常工作、学习和生活。唱歌之所以有减压的功效，在于通过旋律、歌词、节奏、音色等均衡作用，对人体大脑、内脏及躯体能产生直接或间接影响，从而调节人的心理和生理功能。当歌词配合音乐可以表达出词语没办法形容的感觉，在旋律的感染下，痛苦的情绪体验和生活经历慢慢转化为一种审美体验，促使人们走向成熟，内心获得一种新生的体验。

在美国，合唱团越来越流行，据统计，目前美国有3250万成年人参加合唱团，比6年前增加了近100万人。随着合唱越来越流行，科学界一直在努力研究，为什么合唱能够产生使人镇静和激发活力的效应。结果发现唱歌就像一支完美的镇静剂，不仅能够抚慰人们的神经，还可以振奋精神。

在英国伦敦，每个工作日的上班高峰时期，上万名西装革履的白领人士涌出地铁站，匆忙走进“钢筋水泥森林”里的办公室，开始日复一日的工作。现在他们找到了一个减轻压力、放松身心的新途径——唱歌。

歌唱演员赫恰普菲尔女士前不久在熙熙攘攘的伦敦金融区专门为压力较大的都市白领研办了 “唱歌减压培训班” 。她说：“这里的白领职工显然充满了紧张和焦燥情绪。当我上门发放培训班的宣传材料时，他们虽然在和我交谈，但却几乎没有眼神的交流。”赫恰普菲尔把这一切归结为竞争过于激烈，每个人都神经绷紧，想在工作中表现出色。据统计，过大的工作压力使英国每年损失400万英镑。专业从事减轻工作压力研究的心理学家戈德达德教授感叹道“现代人常常忘记了如何关掉自己的‘开关’。”

高兴的情绪可能来自多肽，唱歌可以释放这种与愉快的情感相关的激素。这种感觉也可能来自催产素，它也是唱歌时会释放的一种激素，它能够缓解紧张与焦虑。催产素还能增加信任感和亲密感，这或许可以解释，为什么有很多研究发现，唱歌能减少抑郁和孤独感。

最近，某高校开创了“免费KTV”：无线麦克风、点唱台、液晶显示屏、整套的音响设备、沙发以及木地板，KTV内音响设施和装修均按校外KTV标准设计。免费KTV开设在该校心理健康教育中心内，面向全校学生开放，学生提前预约后即可到免费KTV内享受免费服务。

心理健康教育中心的李老师介绍，开办KTV向学生免费开放，目的是为了让有压力的同学通过唱歌的方式来调节自己的状态。“来唱歌的既有大一的新生，也有大四毕业班的学生。大四学生可能因为就业压力大想来放松一下，而大一新生则更是因为适应新环境的压力而来”。

当然，唱歌比起心理咨询更省钱，比饮酒发泄更健康，当然了，还比工作更有意思。它是生活中保证能让人们感觉舒服的事情之一。即使精疲力尽、心情低落地去唱歌，到了晚上，当我们在KTV里高歌一曲的时候，身体里也会充满多肽和快乐的情绪，仿佛风筝高高地飞在天上。

减压启示：

唱歌减压不但是减压，更重要的是激发潜能，发展身心。任何一种当众自我表达都可以激发出一个人身上的潜力与创造力。面对公众唱歌最能够锻炼一个人，可以释放出他所有的潜能。英国首相丘吉尔说：“一个人可以面对多少人，就代表这个人的人生成就有多大。”

强身健体法：小技巧提高身体的抗压能力

俗话说：“身边是革命的本钱。”无论是从事哪种职业，还是正处于人生的某个阶段，是否拥有健康的身体对我们来说都是极为重要的。如何使自己的身体保持一个健康的状态？这就需要大家掌握一些强身健体的方法，通过小技巧可以提高身体的抗压能力。

健康运动，焕发青春与活力

生命在于运动，运动让人们焕发出青春与活力，重显年轻的光彩。在现实生活中，不可否认地运动为我们的生活带来了生机与活力，展现不一样的激情。随着生活节奏加快，来自生活工作的压力接踵而来，我们的身体开始发霉了，逐渐不再有往日的灵活。也许，有人会问这到底是什么造成了这个状况？其实，这就是缺乏运动的后果。运动可以给我们的身体带来诸多益处，它可以化解你心中的压力，大汗淋漓之后你已经忘记了超负荷的重担；它让你的身体得到了锻炼，可以延缓身体各个部分的衰老；它还可以无形之中增加你身体的抵抗力，让你免受疾病的干扰。总而言之，运动对身体是百利而无一害的。当然，我们这里所说的运动只是适当的运动，而且是健康的运动。如果你没有控制好适当的运动量，又选择了危险、不健康的运动，那么运动只会取得相反的效果。所以，为了保持自己的身体健康，要舍弃懒惰，保持运动的良好习惯，而且要懂得选择一些健康的运动。

实际上，适当、健康的运动不仅带给我们健康的身体，还会影响到心理。每个人的心理状况、精神状况和身体状况是三位一体的、不可分割的。医学家经过研究发现，运动能使人的身体发生一系列化学变化，运动者身体的血液中会产生一种能让人欢快的物质，即内啡肽，因而有人认为运动可以防治抑郁症发生。

美国人菲克斯曾是一名万米长跑冠军，在1997年他所著的《跑步全书》在美国出版，之后跑步这一运动就风靡了全美国，而且轰动了整个世界。许多人在这本书的煽动下开始了长跑训练。然而，就在不久之后，菲克斯本人却突然死于长跑途中。跑步，确实给不少人的健康带来了奇迹，但也使相当一部分盲目追求者成为了不合理运动的牺牲者。据说，在长跑与马拉松运动员死者中，死于冠心病者占77.5%，明显高于正常人群。

对此情况，美国一家保险公司曾调查了五千名已故运动员的寿命和健康状况，结果发现他们的平均寿命都比普通人短。运动员经过了严格训练，可以提高身体的潜能，较大的运动量也使他们的体能得以充分发挥。但从健康长寿的角度来说，那种较大运动量的锻炼方法并不可取。

适当的跑步运动是健康运动，但运动量较大的长跑运动或者马拉松运动则威胁到我们身体的健康，因而，那些具有较大运动量的运动对于普通人来说，却是一种不健康的运动。另外，诸如登山、赛车、攀岩等一系列危险性较大的运动，其实也不适合普通人，它们都是需要专业的运动员，或者在有最大限度的安全措施而自己又比较擅长的情况下，才有可能避免一些身体上的伤害。其实，如果不是作为一种嗜好的运动，实在不建议一个普通人去选择这样一些危险的运动。运动的目的在于保持身体的健康，如果运动本身就会有可能给身体带来很大的伤害，那么不如舍弃这些不怎么“健康”的运动。

1. 适度的运动可以保持身体健康

实际上，运动充斥着我们日常生活的每个角落。也许，有人还认为运动必须是穿着运动装出门去进行的运动，那你的观念已经落后了。运动也并不一定是进健身房，它可以是任何时候进行的身体的运动。在现代社会，一些经常性的适度运动可以增进健康，进而维持健康，消耗热量。

2. 爬楼梯也算运动

比如，饭后散散步、溜冰、在家做做清洁、跳舞、爬楼梯等都算是运动，也许有人会问“爬楼梯也算运动吗”，在高科技发达的今天，“爬楼梯”真的算是一项运动。现在，一般的住宅区都有了电梯，虽然这省去了不少麻烦，但一定程度上也懈怠了身体的运动量，有的哪怕是住在三楼，他也会选择坐电梯而不是爬楼梯。所以，这时候爬楼梯就成了一项运动了。

3. 只要想运动，就有时间运动

其实，只要是做健康的运动，都对自己的身体起到一个维持健康的作用。如果你想达到防病保健的作用，那每天就要做消耗150卡热量的运动，最好是让运动成为你生活的一部分。有的人抱怨“工作太忙了，哪有时间运动”，实际上，只要你有运动的决心，时间是会有的。坐公交车的时候，提前两站下车，走两站的路程；晚上下班了回家，爬楼梯代替坐电梯；上班坐久了可以伸伸懒腰，走动一下；在家边看电视边做运动或者趁着广告的时间做运动；带小孩出去郊游、逛街。当然，选择运动的时候，要舍弃那些不“健康”的运动，养成良好的运动习惯，使自己的身体保持健康的状态。

减压启示：

运动对于我们的身体来说是至关重要的，但是我们在运动时还需要保持适量的运动。运动量过大，有损健康；如果运动量过小，则不足以达到锻炼的目的。因此，掌握适度的运动量，才能有益于身心健康。另外，你所选择的应是健康向上、远离危险的运动，这样才能有效地达到运动预期的目的，使身体保持一个健康的状态。

合理饮食，健康减压

自古“民以食为天”，“吃”的文化在中国是全民普及、人人嗜好的。中国的饮食一向以清淡、营养为主，讲究“色香味”俱全，古代很多人没钱拿药看病，都是靠“食疗”来滋补身体，当然食物是每个人每天都要接触的、最直接的营养和能量摄入途径，也是从内而外调理身体的根本环节。然而自从欧美一些快餐文化进入中国后，油炸食品、高热量食物大量占据了中国人的餐桌，再加上快节奏的生活步伐、缺乏足够的锻炼，人们的体质变弱不说，高血糖、高血脂等病症的比例更是大幅度增加。

人类对“食物”的需求从最早的“果腹”“吃饱”发展成为今天的一种文化，一种享受，是时代的进步，也是人类的进步。除了人本身的

“胃”所传达的饥饿感之外，心理因素的影响也是不容忽视的：比如，食物对人的感官刺激，色、香、味俱全的食物往往更能引起人的食欲；也有些人对食物有自己的喜好和需求，对于他们喜好的食物就会多吃一些，对于他们不喜欢的，可能会表现出排斥和放弃进食的行为；还有饮食习惯、饮食氛围和饮食文化等都会促使人们产生各自不同的饮食需求。所以我们在选择食物的时候，不能单单被自己的习惯所束缚，要均衡营养，更要吃得舒心、愉快。

心理专家说：当一个人的心理压力过重、情绪欠佳时，体内所消耗的维生素 C 会比平时多八倍。此时应该多吃一些富含维生素 C 的新鲜水果和蔬菜，或者服用适当的维生素 C 片，这样会有助于消除精神障碍，使心情得以好转。而像粗粮、谷类、动物肝脏和水果等对缓解不佳心情、沮丧、抑郁症都有很好的效果，这些食物中富含大量的维生素B，而B族维生素类有一种烟酸更能减轻焦虑、疲倦、失眠及头痛症状。当你忽然遇到某件事想发脾气的时候，吃一些富含钙质的食物，如牛奶、乳酪、鱼干及虾皮之类，或者直接服用肠道容易吸收的钙片，过不了多久，你便会感到自己的脾气渐渐变得好了起来。

王强是一个头脑聪明、敢于吃苦的人，在社会上打拼了几年之后，他开始自己创业，很快就拥有了自己的公司，并且很快就发展壮大起来，身为公司董事长的他成为亿万富翁，资产达到2亿元，而且他的年龄还未到40岁，正当他家庭事业一帆风顺的时候，却因病住进了医院。

原来，在他创业的时候，他曾经没日没夜的工作，这种对自己身体的极度透支，埋下了健康的隐患。经过专家会诊，他必须动大手术，但是手术效果如何？院方也不敢保证。他们敢保证的是，如果不做手术，他只有半年的时间可活。当这位病人声称愿意用自己所有的财富来换取健康的时候，已经晚了，因为健康是无价的，也是任何东西都无法换取的！

很多人都有这样的经历，每次心情不好，无处发泄，就会拿食物来出气，一方面大吃特吃，一方面又不注意量的多少，结果到停下来的时候已经撑得不行了。再者心情失落的人总是喜欢吃一些口味重的食物，这样高糖或者高盐的食物对人体本身就是一种伤害。所以，一个人无论处于多么生气的状态，都要控制自己的食欲，如果真的很想吃东西，可以选择一些能够改善低落情绪的食物，如水果和清淡的流食。

人们在开心和不开心的时候，都喜欢用吃东西的方式来庆祝和解压，这个时候也往往是人的思想最松懈的时候，很容易打破自己平时养成的好的饮食习惯，而暴饮暴食。怎样控制负面情绪对食物的左右呢?

1. 出门快走

美国加州大学的一项研究认为，爱吃零食的人如果在担忧时能快走上5分钟，他们对于零食的注意力就会大大分散，因为快走能提高血液中的复合胺含量，使人心情愉悦，从而有效缓解焦虑。只需要短短5分钟，就能抑制住自己暴食的冲动，何乐而不为呢?

2. 学会放松自己

美国俄勒冈大学健康与科学系的最新研究发现，超重的女性们如果每天通过各种方式放松一下自己，比如冥想、做瑜伽或者写日记，那么无需刻意节食，一年半以后，她们平均会减掉10斤左右。医学专家们认为，这可能是因为这些自我放松的方式就像一个缓冲器一样，能帮助缓解压力，使她们不会吃得过量。

3. 掌握过度饮食时间

美国北卡罗来纳大学查普希尔分校的一个专门针对暴食者的研究项目认为，人最容易暴食的时间是清早和快到傍晚的时候，因为这段时间通常是人体紧张和压力感最强的时候。所以，想要控制饮食，这段时间最好远离厨房和一切能找到食物的地方。

4. 保持健康饮食

保持每天的健康饮食，营养师建议：早餐吃饱为好，应吃豆浆或牛奶，外加一个苹果，千万不要吃油条，尽量少去早餐店吃饭，在家弄点全麦面包或馒头、花卷、小菜；午餐有条件的话可以吃点鸡、鱼、粗粮；晚餐六七分饱就可以，但一定要杜绝油炸食品而且不要喝酒，睡前可以喝点牛奶或红葡萄酒。

减压启示：

心理学家研究发现，人的心理状态和情绪都会对人的饮食产生影响。尤其是作为女性，本身就拥有着比男人更丰富的情感、对周遭环境也更敏感，情绪起伏比较大，所以更容易从饮食上下手，所以要平和自己的心态或者及时缓解压力。

一杯花茶，有效舒缓内心压力

茶是中国传统文化的经典，中国人历来对茶情有独钟，品茶也品出了茶文化。或许，每个女人都有品茶的经历，却没有把品茶当作自己生活的一部分。其实，品茗茶也是一种生活情调，是每个人都需要去培养的一种情调生活。尤其是花茶，更有舒缓压力的作用。千万不要因为它的青涩之味而敬而远之，也不要因为它的简单朴实而避之，以平和的心境，才能品出茶香之味来。在闲暇之余，静静地为自己沏一杯澄净的花茶，茶味悠远，意味更悠长。只需一个杯子、一撮茶叶、一壶沸水，即构成了极富情趣的生活。当沸水注入杯中，唤起了那干瘪茶叶的生命之源，随着缓缓流入的水尽情舞蹈，享受着水给予的滋润，慢慢浮出水面。茶杯里，一个情窦初开的少女舒展着优雅、婀娜的身姿，缠绕着绿的柔美，那绿晶莹剔透、那绿清清爽爽。所以，要学会品花茶，体会那醇厚的甘甜。

从来佳茗似佳人，女人如茶。茶需要慢慢体味，而女人亦是；茗茶有醇香，女人有韵味。佳茗与佳人从此有了不解之缘，《红楼梦》里，“贾宝玉品茶栊翠庵”那一章，庵主妙玉以旧年蠲雨、梅花雪液烹茶待客，“六安茶、老君眉、体己茶”，单这名字就令人无限遐想，再加上“海棠花式雕漆填金云龙献寿小茶盘，成窑五彩小盖钟、绿玉斗，一色官窑脱胎填的盖碗，九曲十环一百二十节蟠虬整雕竹根大盏”等茶具，那绝美的茶道，那精美的茶器，令人感受到茶的清雅韵趣。闻着那兰香氤氲的茶气，

即便是没有亲口品味，也已觉得齿颊留香。

花茶，令人回味无穷，品茶就像品味人生一样，在经历了风霜雨露的洗涤之后，最终会走向鲜花芬芳的成功之路。阳春三月，就着斜阳，凭栏眺望，嗅着茉莉的清香，在春风中深深地沉醉；夏天的六月，最适宜微苦的苦丁茶，苦味之后的甘甜会扫除你心中的烦躁；十月，一杯温厚的毛尖，让你品味秋的韵味，秋的欢快，秋的悲凉；初冬，一杯香茗，带给你阵阵暖意，点点快乐，滴滴幸福。

中国的茶文化源远流长，自古就有“斟茶要七分满”之说，这是礼仪，更是一种茶道。品茶也有讲究，“天生成孤僻人皆罕”的妙玉说：“一杯为品，二杯即是解渴的蠢物。”如果你仅仅把茶用来解渴，那你就辜负了茶叶、茶具。茶，本身就充满了雅味，茶且品，便觉得是雅到了极致。品茶之美在于它的幽雅恬静，宁静的午后，沏一壶清香的绿茶，淡淡的茶香沁入心脾，蒸腾的热气迷住了双眼，茶叶在壶中摇曳，弥散亦迷离。

花茶之所以能如此受到人们的喜欢，不但因为它本身的保健养生的功效，还因为它自身带着一股浪漫温馨的气息，令人如同置身在田园中，从而缓解现代快节奏生活给人们带来的压力感。

1. 电脑族必备枸杞茶

枸杞茶有明目、养肝肾、抗疲劳的效用，对于长时间坐在电脑面前的人非常适合。放入十几粒枸杞，加热水冲泡饮用，连续饮用两月便会有效。

2. 防辐射必备胎菊花

胎菊花是杭白菊中最商品的一种，具有抗氧化、解除疲劳、收敛毛孔、养肝明目、清心补肾、调整血脂、春暖去湿的作用。

3. 养肺茶紫罗兰

紫罗兰具有祛痰止咳、润肺、消炎、保护支气管的效用，尤其适合吸烟过多者饮用。同时保持呼吸粘膜的顺畅，可以解毒、调气血、消除疲劳。

减压启示：

品茶是繁华落尽之后的落英缤纷，是年少浮躁之后的平淡真切。茶味甘甜醇香，浓而不腻，淡而不俗，流淌在空气中，轻轻回响在心田，透明、空灵、清幽。一杯花茶，可以令自己心静如水，坦然面对现实生活的重重压力。

身体减压，来一次全方位的 SPA

在平时生活中我们常说的压力，不但是精神上的，当压力来袭的时候，我们的身体也会出现一些敏锐的反应，比如有的人会感觉到胸闷、气短；有的人会感觉到头昏脑涨；有人感觉自己全身紧绷，好像穿了个盔甲。在平日里，我们或许都有这样的反应：当演讲等重要事情发生的时候，或者置身于一些忽然而至的紧张情境时，身体常常会发出以下的信号：心跳加速、呼吸紧迫、手足冰凉、注意力不集中，甚至思想混乱或变得迟钝，有的甚至还出现短暂的失忆。当这些情绪出现时，大部分人会觉得是自己心理素质不好，总觉得别人是不会紧张的。其实，大部分人在遇到同样的情况都会感觉到紧张，那些看上去不紧张的人出于一种自我保护的本能而善于掩饰，所以让人看不出来。

其实，诸如紧张这些都是属于正常的生理心理应激反应，不过通常身体素质比较好的人在短时间内能够恢复，或者通过一些心理调节方法就能恢复平静，但少部分心理素质差、身体素质较差的需要给身体减减压，分散一下紧张的情绪，减少内心的压力。

冥想原本是宗教活动中的一种修心行为，如禅修、瑜伽、气功等，但现今已广泛的运用在许多心灵活动的课程中。同时，练习冥想也可以改进注意力并缓解工作压力。如果感到压力大、情绪不好，不妨试着练习一下冥想。

方法：身体任意放置，无论什么姿势都可以，但要四肢放松，不能让身体用力，也不能让身体有任何压迫、刺痛等感觉。感受自己的呼吸，想象能量通过耳朵传到大脑，每一次呼吸，都有一股能量从耳朵进入，传到大脑。大脑产生一股放松感，似乎一股冰凉的力量从大脑内部爆发开来，使得整个大脑清爽、纯净、放松。随之让自己的身心慢慢放松下来。

冥想可以缓解压力，是因为冥想要求我们放慢呼吸，放松身体。如果我们放慢呼吸，心脏适应其速度后，就会随之放慢跳动节奏。而心脏的每次跳动都会使血液流通全身，跳动的频率放慢，对脑部的供血也会改变，从而实现对情绪的某些影响。一般人只要每天有意识地放松自己，在静息状态下调整自己的呼吸速度，都能达到缓解压力、改善情绪的效果。

事实上，除了冥想之外，我们还可以通过其他途径给身体减压，诸如按摩、泡温泉、足浴，等等，我们可以在工作之余去尝试这些减压的方式。当给身体来一个全方位的SPA之后，顿感神清气爽，精神百倍，自然有抗压的体力了。

1. 泡温泉减压

在人们的印象里，日本人工作都是非常勤奋的，以至于有了“干活不要命”的说法，其实他们也是一个会享乐的民族。比如泡温泉，日本人泡温泉不单纯的为了洗浴，而是将其发展成一种文化消费。每逢周末或假日，日本人就成群结队的到温泉地，一边品尝热辣的日式美酒，一边享受温泉带来的舒适。

2. 享受一次SPA及精油按摩

按摩是最能释放压力的方式，而精油按摩能在放松的同时，呵护肌肤，调理身心。选择SPA时，要留意环境是否安全、卫生、干净，如果不想舟车劳顿，最好选择交通便利的地方。

3. 足浴减压

随着现代科技的发展，越来越多的人都开始投入到高压力的工作之中。但随着工作科技化的到来，很多人在繁忙的工作中都会发现自己的身

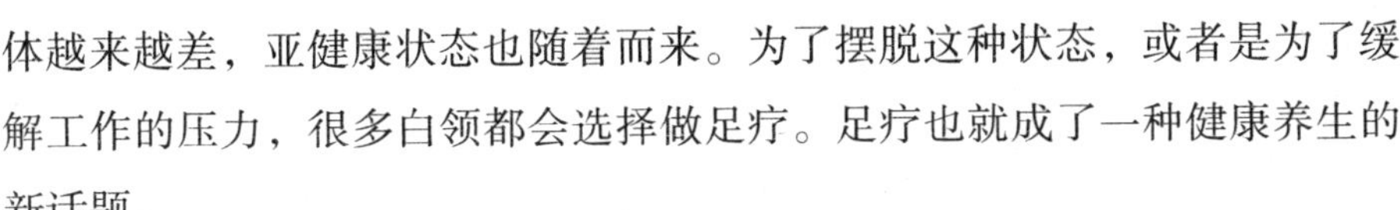

体越来越差，亚健康状态也随着而来。为了摆脱这种状态，或者是为了缓解工作的压力，很多白领都会选择做足疗。足疗也就成了一种健康养生的新话题。

4. 平躺

当你感觉非常累的时候，就平躺在家里的地板上，尽可能将身体拉直。假如你想翻身，那就翻身。这样每天持续两次，你就可以感觉到效果。

5. 闭着双眼

强森教授建议："阳光正在照耀着我们，眼看着一望无际的蓝天，一片宁静的大自然，我就好像是大自然的孩子，也可以与宇宙的安静保持一致。"所以，在家里尝试着闭着双眼，甚至你可以向上帝祈祷。

6. 坐在椅子上

假如你正在煮饭，根本无法躺下来，当然，忙碌的家务让你没时间躺下来。这样你也可以选择坐在一张椅子上，你所收获的效果是差不多的。你可以选择一张很硬的直背椅子，如同古埃及人这样直接坐在椅子里，双手慢慢放松，手掌向下，然后将你的双手向下平放在自己的大腿上，渐渐地，你就放松了。

7. 放松全身

家庭主妇们，开始慢慢将你的10个脚趾头收紧，然后将它们慢慢放松；先收紧你的腿部肌肉，然后再慢慢放松……慢慢朝上，收紧各部分的肌肉，然后再慢慢放松，最后直到你的颈部肌肉放松。在这个过程中，你需要不间断地对自己的肌肉说："放松……放松……"

8. 规律的呼吸

印度的瑜伽术不错，规律的呼吸实际上是缓解神经紧张的最佳方法。家庭主妇们可以用很慢很稳定的深呼吸来稳定自己的情绪，从丹田吸气，这样有助于自己获得平静的心情。

9. 不要紧皱眉头

可以对着镜子，看看自己的皱纹，想象抹平脸上的皱纹，松开自己紧皱的眉头，不要紧闭着嘴巴。这样坚持每天两次，或许你根本不需要上美容院就可以让脸上那些讨厌的皱纹消失不再。

减压启示：

过度疲劳造成的不良应激可能一直持续数周或数年，这样儿茶酚胺就会对身体和思想造成巨大破坏，产生各种交感神经超负荷症状，包括肌肉痉挛、胃肠道不适、呼吸浅快、心率加快、出汗、无明焦虑、惊恐发作、眩晕、疲劳感和眼光敏感。所以面对过度疲劳造成的不良应激，我们应该给身体来一次全方位的SPA。

上班族必备办公室减压操

人们在事业取得成功的时候，也千万不要忽略了职业所带来的疾病困扰，时刻关注自己身体的变化，学会呵护自己的身体健康。其实，任何职业都会有一些关联性的疾病困扰，这些或多或少的疾病被称之为职业病。即便是那些身体强壮的男性也不能幸免于职业病的干扰。因而，对于每一个上班族来说，当你踏入职场的那一刻，除了担心自己的工作，同时还需要时刻关注自己的健康状况。也许，你是坐办公室的白领一族，可能你只是一个到处奔波的业务员，可能你每天和粉笔打交道，可能你整天都以站的姿态工作，但无论何种工作，都不要忽略了职业病的侵扰。就是那被大家都称之为“轻松工作”的办公室丽人，也会患上不同程度的职业病。所以，每一个上班族都要摒弃忽视身体的态度，学会呵护自身的健康，这样你才有精力去挑战无限的未来。

也许，你年纪已经不小了，拥有了体面的工作、丰厚的薪资，但还是整天在为工作而担心？那么，就请别再把工作当成生活的一切了，应该学会为健康做一些事情，让自己每一天都过得年轻而富有活力。毕竟，身体

才是你工作的本钱，有了健康的身体，才有了成功事业的坚实基础。

人在28岁以后，身体内的钙就开始以每年0.1%～0.5%的速度流失，如果不及时补充，更年期以后就容易出现骨质疏松、骨质增生等疾病；另外，一些上班长时间坐在电脑前工作的人，也容易发生便秘；由于早上时间紧张，或者为了减肥，许多职业女性把一天中的早餐给省略了；有的人在下班后经常忙于应酬，深夜才回家睡觉，睡眠不足也会影响身体健康；从事办公室工作的职业女性，由于经常坐着，缺乏运动会导致身体发胖、身材走形。由此看来，上班族的健康问题不容忽视，更需要每一位职业丽人及时地关注身体的健康，爱护自己，使自己成为最美丽、健康的职场丽人。

王小姐是某外资公司的人事负责人，每天都要使用10小时左右的电脑，手机是联络工具，长期处于一种低幅射的状态中。在经过了一天忙碌的工作后，晚上有时候会去酒吧和朋友们放松一下，不去酒吧的时候喜欢在家里上网。她说自己是个夜猫子，每天用来休息睡觉的时间很少，到周末，就好好恶补一下睡眠。虽然自己很关注身体的健康状况，也买了几瓶直销的保健品，诸如蛋白粉之类的。

但最近她总感觉肩部疼痛难忍，非常不舒服，头晕，工作也没有精神，晚上睡觉也不太好。另外，还经常感觉到腰部疼痛，她的腰也曾经有不舒服的时候，有一段时间去一家盲人按摩院按摩后好转，没放在心上。但现在才意识到问题的严重性，她向上司请了假，专门去医院体检了一次，才发现自己身上已经出现了多种职业病的症状。看着那密密麻麻的报告书，王小姐显得十分吃惊。

像王小姐这样长期在办公室坐着工作的人，几乎都有这样的病困扰着他们，颈部不适、头晕、肩部疼痛，甚至心慌、易出汗、上肢酸麻无力等症状。其实，这些都是颈椎病的症状。另外，她整天处于一个辐射的环境中，短期来看，不会有什么事，但现在科学发现，长期处于这种辐射中的人患恶性肿瘤的概率比一般人高。长期透支的工作和玩乐会使我们的免疫力降低，而免疫力低下的人患重大疾病的概率很高。也许，王小姐的情形只是大多数职业女性的缩影。

1. 忙里偷闲打个盹

对于每天忙碌的上班族而言，睡眠时间不足是经常的，这时候就要学会抓住一切的机会打盹。当然，打盹只需要10分钟左右即可，就能达到恢复精神的作用。在家里、在办公室、在坐车的途中等，都可以忙里偷闲打个盹。

2. 按摩肩膀和脖子

感到累了就闭上眼睛休息，用手指尖用力地按摩前额和后脖颈处，有规则地向同一个方向旋转。这样简单的按摩方式可以让自己身体的酸痛减缓。或者在忙碌工作的空闲时间里用一些身体的伸展运动，让全身的肌肉得到放松，对于消除紧张也非常有效。

3. 深呼吸

刚开始快速进行浅呼吸，为了更放松，慢慢吸气、屏住气，然后呼气，在每一个阶段各持续八拍。或者当自己在家里的时候，练习一下腹式呼吸，平躺在地板上，身体自然放松，紧闭双目。呼气，将肺部的气全部呼出，腹部鼓出，然后紧缩腹部，吸气，最后放松下来，让自己的腹部恢复原状。

4. 放松背部

坐着将背脊挺直深吸一口气，将双臂敞开向上伸展。接着呼气时渐渐将身体向后弯曲，此时手臂维持不动。保持这个动作几秒钟之后，将手臂慢慢放下滑过身体两侧，这个动作可以重复做几次。

减压启示：

其实，上班族还存在着许多身体上的健康隐患，需要相应的方法来解决健康上的问题。可能，有时候感觉到自己头一跳一跳地痛，并伴有眩晕的现象，你可以试着放松心情和身体，做一些舒展运动；有时候觉得颈部僵直，双肩酸麻，这时候你可以在每天睡觉前洗个热水澡，缓解肌肉所承受的压力；有时候还会感觉到没有食欲，吃什么都反胃，你可以服用适当的胃药，每天多让身体休息。

减压瑜伽，最有效的健身运动

近几年，瑜伽逐渐成为一种有效的健身运动，风靡全球。瑜伽可以减压及治疗，并帮助人们缓解身心紧张。许多人误以为瑜伽只有时间比较多或胫骨柔软的人才适合，因而错过了一种获得健康益处的方式。不过事实上只要你能够呼吸就可以练习做瑜伽。瑜伽这个词，是从印度梵语“yug”或“yuj”而来，其含意为“一致”“结合”或“和谐”。瑜伽源于古印度，是古印度六大哲学派别中的一系，探寻“梵我合一”的道理与方法。而现代人所称的瑜伽则主要是一系列的修身养心方法。

大约在公元前300年，印度的大圣哲瑜伽之祖帕坦伽利创作了《瑜伽经》，印度瑜伽在其基础上才真正成形，瑜伽行法被正式订为完整的八支体系。瑜伽是一个通过提升意识，帮助人类充分发挥潜能的体系。瑜伽姿势运用古老而易于掌握的技巧，改善人们生理、心理、情感和精神方面的能力，是一种达到身体、心灵与精神和谐统一的运动方式，包括调身的体位法、调息的呼吸法、调心的冥想法等，以达到身心的合一。如此看来，瑜伽确实是一种最有效的健身运动。

丽莎是一名资深瑜伽发烧友，她从很早开始就尝试做瑜伽，并从此爱上了瑜伽。在她的带动下，越来越多的瑜伽爱好者加入了她的队伍。“我是一个上班族，又经常出差，所以有空的周末都会组织大家一起做瑜伽。”虽然丽莎已经步入中年，但其体态依旧轻盈。通常，丽莎会在周末晚上做瑜伽，响应者就差不多有二三十人，大家一起做瑜伽，轻松减压。

相比室内瑜伽，天天宅在办公室的丽莎更喜欢到室外做瑜伽。室内瑜伽虽然有音乐、香熏、空调，但总比不上户外贴近自然，不但能够呼吸到新鲜空气，沐浴着温暖太阳，还可以在练习过程中将自己与大自然融合在一起，达到“天人合一”的效果。

在丽莎看来，瑜伽是一种修炼，所以她在户外做瑜伽时会尽可能地选择安静的场所，一般光看风景就心情愉悦，空气也好，利于吐故纳新。

现在，丽莎已经把这个户外瑜伽当成了一项公益事业，想要向大家传播一种健康的生活理念。所以每次在户外，大家不会一味追求高难度动作，而以基本动作为主。方便零基础的参与者练习。冥想、静坐、拉伸……从16岁到60岁，都能参加。丽莎认为瑜伽的最终目的是健康，所以她更在意的是把在瑜伽中体验到的快乐和健康带给每个人。

作为一种非常古老的能量知识修炼方法，瑜伽并非只是风靡的健身运动这么简单。而户外修习瑜珈，更能让人们体会瑜伽之道，强健身体、调整亚健康、释放压力、平衡心态、打开心结。所以，户外瑜伽也正逐渐成为最受欢迎的户外运动项目之一。

那么，当我们在练习瑜伽时应该注意什么呢？

1. 练习呼吸的速度

计算每分钟呼吸的次数，然后花一些时间练习放慢呼吸速度。缓慢的吸气，想象将一个 3 公升的容器从底部往上填满，再缓慢吐气，从上往下将容器净空。规律的练习缓慢及深沉的呼吸，不久就会习惯完全将肺部填满的呼吸方式，并且发现每分钟的呼吸次数逐渐减少，同时更能抵抗生活压力的因子。

2. 伸展身体

即便在短时间内无法移动座位，但也可以轻缓地舒展你的身体，以避免久坐造成的肌肉紧绷。首先我们将腿往前伸直，脚跟着地，脚趾向膝盖方向延伸，即可伸展腿后的肌肉；如果空间足够，再一边呼气一边将上半身前倾，接着一边吸气一边恢复上半身的坐姿并弯屈膝盖，同时脚掌踏回地面。

3. 让心安静下来

虽然生活和工作可能让人找不到时间冥想，不过假如尝试改变看事情的角度一样能够获得一些益处。比如，许多人在安静时无法忍受身边的噪声，这时可以尝试利用一点想象力和阅读来帮助自己安静下来。

减压启示：

事实证明，瑜伽可以加速新陈代谢，去除体内毒素，形体修复、从内及外调理养颜；瑜伽可以带给你优雅气质、轻盈体态；提高人的内外在的气质；瑜伽可以增强身体力量和肌体弹性，身体四肢均衡发展，使你变得越来越年轻、活力、身心愉悦。

第09章 忙中偷闲减压术：给自己喘息的工夫

近几年，明星劳累过度患重病、白领精英猝死等新闻常见于诸媒体，而不管是上班族还是家庭主妇，每天都必须面对巨大的生存压力。减压很困难吗？其实，只要我们注意忙里偷闲，不但可以释放压力，舒缓紧张情绪，还可以大大地提高做事的效率。

闲时约个朋友，畅聊十分钟

从弗洛伊德时代开始，心理分析家就知道，假如一个病人可以开口说话，仅仅是将话说出来，那他心中的忧虑就可以消除。心理学家表示，当一个人说出自己的忧虑之后，就可以更清晰地看到身上存在的问题，就可以看到更好的解决方法。或许，这其中的奥秘是无法被探知的。不过，几乎每个人都知道将心中的烦恼倾诉，或者发泄一下胸中的闷气，那样马上就会让人感到浑身轻松。

英国思想家培根：“如果你把快乐告诉一个朋友，你将得到两个快乐。而如果你把忧愁向一个朋友倾吐，你将被分掉一半的忧愁。”分担，是一件有趣的事情，可以让我们的快乐加倍，让我们的痛苦减半。当你发现自己被那些怒气缠绕，而且，无力摆脱的时候，千万不要让它憋在心中，要学会宣泄情绪，学会向知己好友倾诉心中的烦恼，让自己摆脱闷气的缠绕。面对不良情绪，唯有主动释放，理智宣泄，否则，后果将不堪设想。

夜晚快到凌晨了，李太太家里的电话铃声突然响了起来，李太太拿起电话：“喂，你是哪位？”电话里传来了一个妇女的声音：“我恨透了我的丈夫。”李太太感到莫名其妙：“我想，你打错电话了。”但是，对方似乎没有听见，依然继续说下去：“我一天到晚照顾两个孩子，他还以为我在偷懒 ，有时候我想出去见见朋友，他都不肯，自己却天天晚上出去，跟我说有应酬，鬼才会相信呢！”李太太打断了对方的话：“对不起，我不认识你。”那位妇女生气地说：“你当然不会认识我了，这些话我怎么能对亲戚朋友讲，到时候肯定会搞得满城风雨，现在我说出来了，舒服多了，谢谢你。”随后，那位妇女就挂断了电话。

虽然，这位妇女的做法显得十分荒唐，但是，我们却从中发现，一个被不良情绪所困扰的人，他们其实很想把心中的忧愁和苦闷做一番倾诉，哪怕对方只是一个陌生人。在电影《2046》里，梁朝伟将自己内心的秘密对着一个树洞倾诉，不难发现，每个人都有一种倾诉的欲望。有时候，心中的烦闷可能是关于隐私之类的话题，那怎么办呢？事实上，我们应该明白，在任何时候，知己好友都是我们心灵的伴侣，在朋友面前，又有什么可丢脸的呢？当然，向朋友倾诉自己的烦恼，我们需要选择值得相信的朋友。

在生活中，当我们遭受工作或生活上的烦恼时，不妨寻找一个人聊聊天、诉诉苦。当然，我们所找的聊天对象并不是随便从大街上拉的一个人，而是寻找自己信任的人，这样才可以放心地将自己心中全部的苦水和牢骚说给对方听。当我们遭遇烦恼之后，我们可以寻找一个信任的人，与他约好一个时间聊天。当然，这个信任的人可以是亲人、心理医生，也可以是律师，我们可以对他说："我希望你能给我出出主意，我现在遇到烦恼的事情了，我希望你能听我说说，然后给我出出主意。或许，你站在你的立场可以给我一些忠告，看到一些我自己不曾发现的问题。当然，即便你无法给我一些意见，只要你愿意听我诉苦，当我的情绪垃圾桶，我就非常感激了。"

当然，除了与朋友聊聊天，还可以尝试以下的方法：

1. 寻找适合自己的座右铭

你可以准备一本笔记本或是剪贴簿，然后寻找一些鼓舞人心的座右铭，包括诗句、名人的格言等。当你感到烦恼或者精神不振的时候，可以看看这些座右铭，然后你会觉得情绪得到了一定程度的缓解。

2. 对他人感兴趣

你可以在公共汽车上，为自己所看到的人虚构故事，假设这个人的背景和生活情况，假设对方的生活是怎么样的。慢慢地，遇到身边的人可以主动凑过去聊天。所以，在生活中，对那些与自己一同生活在附近的人，需要保持一种友善的态度，以及一种健康的乐趣。

3. 不要为别人的不足担心

在生活中千万不要为别人的缺点而操心，假如你希望对方是一位圣人，那估计他也不会认为你是完美的。假如家庭主妇觉得自己嫁错了人，也不妨

尝试这种方法。或许，当你发现他的优点之后，你会庆幸自己嫁给了他。

4. 上床睡觉之前，计划好明天的事情

在前一天临睡前计划好第二天需要做的事情，这样会治愈我们的忧虑情绪。因为当我们真的这样去做了之后，会发现自己依然可以完成许多事情，但是却感觉不到一丝的疲惫。甚至想到自己竟然完成了这么多的事情，感觉有些骄傲，当然，剩下的时间可以好好休息或者梳妆打扮一下了。

5. 使自己放松

放松，是避免疲劳和紧张的唯一途径。对各位女士而言，想必再也没有什么比紧张和疲劳更容易使人苍老了，而且还会令女人变丑。如果你是一位家庭主妇，最重要的就是学会如何放松自己。当然，经常在家里做家务的主妇们有一个很大的优势，那就是随时可以躺下来。家庭主妇们完全可以躺在地板上，其实，地板比床更利于放松自己，而且硬邦邦的地板对脊椎骨有很大的益处。

减压启示：

朋友对于我们来说，无时无刻不在，只要我们需要他们的时候。当自己遇到了不顺心的事情，可以拨打电话给朋友，向他们道出内心的烦闷，甚至，可以在朋友面前发怒、哭诉，尽情宣泄心中的不良情绪。

拈花弄草，将烦恼抛到九霄云外

生活中，其实每个人都生活在自己的围城里，巨大的竞争压力使人们渐渐忘记了自我欣赏和肯定，进而迷失了寻找自我意识的目标和方向。事实上，快乐是一种由心而生的乐观心态，它来源于人们克服困难的勇气和对生命归宿的信仰。在现实生活中，我们常常有这样的感叹：人际关系会让自己身心疲惫，因为人心是复杂的。在与人相处的过程中，我们需要考虑到别人的心理，甚至在某些时候，为了顾及到别人的感受，反而弄得我们自己身心疲惫，最终受委屈的是自己。所以我们才会说“做人难”，难就难在我们需要更多地考虑到别人的心理。长此以往，我们总是想到别人，而无视自己的感受，自然会觉得累。在这样的情况下，我们需要学会调适心情，让自己的生活变得简单，自然也就快乐多了。

好朋友读了研究生，但她最大的愿望就是开一家花店。或许，对于这样的愿望，多少人会满脸不屑：“都上了研究生了，怎么还会有这样幼稚的梦想呢？”对此，好朋友道出了内心的苦闷：“我觉得与复杂的人和事打交道，会身心疲惫，我就是我，我不会因为什么而变得圆润，为什么要让自己那样累呢？相反，如果我整天与花花草草打交道，不仅不会累，而且还可以将它们当成自己最好的朋友，向它们诉说自己的烦恼，那样的生活岂不是太美好？”听了朋友的话，许多人陷入了深思，在现实生活中，多少人为了所谓的事业而昧着良心做人，又有多少人因事业而变得世故圆滑，他们在取悦别人的同时，其实也丢掉了本真的自己。到最后，他们变得连自己都不认识自己了。所以，在生活中，我们更需要以花草鸟鸣来调节心情，在简单清静的世界里，寻找心灵最初的快乐。

杨大叔是村里出了名的“乐哈哈”，因为他几乎在每个时刻都是面带笑容，偶尔还会跟邻里乡亲开几句玩笑话。如果你了解他的生活，就会知道他的心情为什么总是这样好了。

在杨大婶的眼里，杨大叔是不学无术，总是摆弄那些花花草草、鱼儿、鸽子什么的，能变出几个钱呢？农村里朴实的妇女，她们的想法总是这样简单实在。但杨大叔总是说：“你不懂得啦，这是生活，这是情趣。”每次吃了饭，他总是先上楼看看笼里的鸽子，摸摸它们的羽毛，搂着它们，仔细观察它们的眼睛，一边嘴里嘀咕着：“这只鸽子可是好品种，它的妈妈可是信鸽，等它长大了，我也带着它去参加比赛。”放下它们，还会在一边观察它们很久才依依不舍地离开。

除了鸽子，杨大叔最大的爱好就是摆弄花花草草，他很喜欢将那些树枝弄成奇怪的形状，马啊，羊啊，龙啊。每每有朋友拜访，他就带着他们去参观自己的植物园，一边骄傲地介绍：“这是紫荆花，这是茶花，这可是我嫁接的，从小将它们固定成一定的形状，它们长大之后就是这个形状，这跟我们平时教育孩子是一个道理，在孩子小时候就需要多花心思，把他们教育好，培养他们良好的习惯和性格，如果小时候不教育好，长大之后再想教育，那是不行的。像这些小树苗，在它们幼小时不弄成形状，长大之后你再想对它们塑形，那肯定会折断树枝的……”看来，杨大叔不仅种出了兴趣，还种出了“心得”。

有时候跟杨大婶闹别扭了，听着杨大婶的唠叨，大叔也不生气，只是笑呵呵地去看自己的花花草草了。实在无聊的时候，他就跟家里的小猫小狗说话，嘴里直嚷着：“猫咪，别懒了，你看太阳都照到屁股了，还在睡觉，快去看看屋里藏着老鼠没，快去，抓到了老鼠，晚上有红烧肉作为奖励。”也不知道小猫是听懂了，还是明白了他的意思，竟然真的撑腰起来，到屋里活动去了。

杨大叔是幸福快乐的，因为他只生活在自己的世界里，在那个世界里，没有烦恼，没有忧愁，有的只是娇艳的花儿、青翠的树木、调皮的小猫、乖巧的鸽子、忠实的小狗，没有人事复杂的劳累，所以，杨大叔才会那么一直“乐呵呵”地活着。试想，那些终日被功名利禄所劳累的人们，如果你看见了杨大叔的生活，是不是也会心生几分羡慕呢？

减压启示：

生活中，来自大自然的花草鸟鸣，给他们带来几分清新和快乐，让我们的心灵受到一种前所未有的简单之感。在花草鸟鸣中，我们的心灵不再沉重，有的只是无限的快乐，以及祥和的心境。

找准时间空隙，充实每天的生活

塞涅卡说：“人类最大的敌人就是胸中之敌。”在现代人的字典里，“空虚”这个字眼所蕴含的重量似乎越来越重，许多上班族都有这样的经历：“我有工作，但是，一天什么事情都不想干，总是提不起精神，面对着电脑，也不知道自己要做些什么，真不知道以后的日子该如何走下去，心里空虚得要命。”空虚，是一种消极的状态，不能明确自己的目标，不知道今后的路该怎么走，更重要的是，在这样的心理状态下，压力很容易“钻”了空子。他们常常因压力而胡思乱想，把怒火洒到其他人身上，而且，还自认为生气是很有道理的。所以，如果你是一个空虚的人，需要时刻警惕，不要让自己掉入压力的陷阱。

在生活中，人们往往存在着不同的心态，有的人乐观，有的人却悲观，乐观的人情绪平和安静，而悲观的人很容易受到情绪的波动。其实，空虚本身就是一种悲观的心态，空虚的人很容易陷入自我休眠中，因为找不到前方的路而迷失了自我。心中没有前进的方向，没有心灵的归宿，因而，他们总是花很多的时间和精力来想一件事情，哪怕只是一件微不足道的事情，想着想着，就想出压力来。心的无力感让他们有了诸多不安的情绪，在很多时候，他们自己也很想从空虚感中摆脱出来，可是，越是空虚，越是容易感到压力，越是感到压力，越感到前途渺茫。在这样的情绪循环中，情绪越来越汹涌，并渐渐主宰了他们。

小杨和男朋友相恋一年多了，可是，这段感情一直遭到父母的反对，在这个气氛尴尬的夜晚，父亲在电话里的那头生气地说道：“你要是再这样下去，就永远不要回这个家了。”电话放下后，小杨心都凉了大半截，未来该怎么办呢？和男朋友分手，接受那个家人介绍的对象？坚持自己的选择，和男朋友远离家人？路有千条万条，可小杨就是不知道自己该选择哪一条。

白天，男朋友上班了，小杨一个人待在家里，总想找点事情做，可是，内心的那种无力感和空虚感袭来了，她觉得浑身都没劲，就想一直沉睡，至少睡着了谁也打扰不了。偶尔，思绪万千的时候，她也会想起与男朋友诸多的不合适，以及父母的担忧，越想心中越是焦虑，有时候，想着想着，她就暗暗下决心：“今天晚上和男朋友说分手的事情，一定不能心软。”于是，等到男朋友回家的时候，小杨心中的怒气就上来了，尤其是看到某些自己不能认同的行为，小杨更是怒火中烧，大声斥责：“我们结束吧，我不想继续了。”而且，这样的情景不是一次两次，而是多次，每次小杨独自一个人在家里，由于内心的空虚与混乱，总会胡思乱想，男朋友也感到很疲惫了，偶尔，他也会劝小杨：“没事就出去透透气，不然，在家里迟早会闷出病来。”小杨内心里相当清楚，自己真的是由空虚而感到压力的，可是，有时候总是克制不住自己，也不知道自己到底该怎么办。

小杨内心的空虚，让“压力”钻了空子，结果，好端端地多了那么多的坏情绪。在人生的旅途中，失败得失，恩恩怨怨，乃至空虚寂寞，始终伴随着我们。如果我们总是把这些伤心的话、烦恼的、无聊的事情记在心中，永远留在心里，无疑于背上了沉重的包袱，套上了无形的枷锁，同时，也让郁积在心中的不良情绪有了可趁之机。

有时候，为了摆脱空虚，他们会沉浸到另外一种空虚的生活中，漫无目的地游荡、闲逛，消磨大好时光，因此，空虚所带给我们的，是百害而无一利。

那么，面对空虚，我们该怎么调整自己呢?

1. 有理想

俗话说：“治病先治本。”空虚的产生主要源于对理想、信仰以及追求的迷失。知晓了空虚产生的根源，那么就要对症下药。树立远大的理想、拟定明确的人生目标，这就是消除空虚的最有力的武器。当然，这并不是说你树立了目标，空虚就被驱赶走了，而是当我们坚定地朝着自己的目标前进的时候，空虚才会慢慢地离我们而去。

2. 提高心理素质

有时候，即使是两个人生活在同一个环境中，但由于心理素质不同，其结果也会不同。有的人遭遇了一点点挫折就偃旗息鼓，他们很容易就陷入了空虚中；有的人面对困难却丝毫不畏缩。所以，提高自我的心理素质，也能够将空虚及时地消灭，不给它进一步侵蚀心灵的机会。

3. 保持一份热情

生活本身是美好的，主要是看我们以怎样的态度去面对它。对生活缺乏热情的人，他们心中只有空虚，以及百无聊赖的寂寞，而那些对生活充满了热情的人，哪怕是蓝天白云，高山大海，他们依然积极地去感受大自然的美丽。当那份热情填补了生活的空白，你哪还有精力和时间去空虚呢？

减压启示：

从心理学角度说，空虚是一种消极情绪。那些空虚的人，无一例外都是对理想和前途失去信心，对生命的意义没有正确认识的人。他们对现实消极失望，以冷漠的态度来对待生活，遇人遇事就摇头。然而，当你的生活被不断地充实起来，那压力就无处遁形了。

寻找适合自己的减压方式

法国作家大仲马说："人生是一串无数的小烦恼组成的念珠。"在日常生活中，烦恼、怨恨、悲伤、忧愁或愤怒等不良情绪都是常见的情绪反映，这些都容易成为内向者的典型情绪。内向者生闷气的时候，实际等于整个人都陷入了不良情绪之中，容易产生孤独感和抑郁症，缺乏积极进取的精神。总而言之，闷气让一个人变得郁郁寡欢，因此，我们需要寻找让自己放松的方式。

培根说："无论你怎样表示愤怒，都不要做出任何无法挽回的事来。"美国前总统林肯如果在外面和别人生气了，回到家里就会写一封痛骂对方的信，当家人第二天要为他寄出那封信的时候，林肯会极力阻止："写信时，我已经出了气，何必把它寄出去惹事生非。"如何面对心中的种种不良情绪？当然是合理地宣泄，放松自己。

里根是一个性格温和的人，但是，有时候他也会发脾气。当他生气的时候，就会把铅笔或眼镜扔在地上，然后很快就能恢复情绪。有一次，里根对侍从人员说：“你看，我在很久以前就学会了这样一个秘诀：当你生气时，如果控制不住自己，不得不扔掉一些东西来出气，那么就要注意把它扔在你的面前，一定不要扔得太远了，这样捡起来就会省力很多，捡起了东西，心情自然也就放松了。”

其实，在很多时候，所谓的放松方式就是发泄心中烦恼，无压力地宣泄不满情绪，将心胸放开，这样就会减少一些不必要的烦恼，而且，避免了这样的不良情绪感染到其他人。不良情绪是由于心理上失去了平衡，或者是自己的要求和欲望没能得到满足。因此，内向者可以转移心境，寻找一种轻松的方式，这样不良情绪自然就会消失了。

齐文王患了忧虑病，没能找到正确的治疗方式，时间长了，病情越来越严重，甚至，到了卧床不起的地步。这时，大臣建议请名医来诊断病情，于是，齐国派人到宋国去请来名医文挚给予医治。文挚查看了齐王的病情，判断出必须采取一定的方式来赶走病人心中的闷气，但是，又顾虑这样会触动齐王而惹来杀身之祸。对此，齐国太子向文挚保证，无论如何都会保证医生的安全。于是，与文挚约好了看病的时间，但是，文挚却连续三次失约，齐王虽在病床上，却对此十分恼怒。

后来，文挚终于应约而来，但是，他不拖鞋就上床，践踩齐王的衣服问病，气得齐王不搭理他。这时，文挚用粗话刺激齐王，齐王终于按捺不住，翻起身来就大骂，没想到，齐王的病却因此好了。

所谓“怒动其身形、冲破忧伤烦闷的不良情绪”，有人在愤怒时暴跳如雷，面红耳赤，实际上，这就是一种能量发泄。人们常说：“言为心声，言一出，心便安。”积极的能量发泄可以采取唱歌、怒吼等方式，这也不失为一种轻松的方式。

1. 大声哭泣

哭泣也是一种行之有效的方式，据调查，85%的女人和73%的男人在哭过之后，心情就会好受一些。威廉菲烈博士说：“哭可以将情绪上的压力减轻40%，哭是健康的行为，值得鼓励。”

2. 将不良情绪写出来

将心中的烦闷写出来，这也是一种自我放松的方式。一般情况下，写诗、写日记都能够有效地发泄郁积在心中的不良情绪，使情绪恢复到平静。而且，从心理学上说，适当发泄长期以来积压的闷气，可以减轻或消除心理疲劳，比起将闷气郁积在心中，将怒气发泄出来会更好，这样可以使我们变得轻松愉快。不良情绪就像夏天的暴风雨一下，需要我们适当发泄，这样才能净化周围的空气，缓解心中的紧张情绪。不良情绪，只会让我们变得越来越抑郁，想要自己获得全身心的轻松，我们必须寻找一些轻松的方式，发泄心中不满的情绪，驱赶心中的消极情绪，将自己解脱出来。

3. 大声吼叫或大声歌唱

在电视剧《北京人在纽约》里，面临破产的威胁，失败的阴影来袭的时候，王起明一边开车一边高唱“太阳最红……”获得了心灵上的暂时放松；在日本，每年都要举办一次呐喊比赛，那些情绪不满者向远处的大山大叫，以发泄心中的怒气。或许，对于每一个人而言，他们都有着不同的放松方式，但是，我们最终的目的是赶走郁积在心中的闷气。

4. 激烈运动

有一位商人在谈到自己放松的方式时，说：“当我自知怒气快来的时候，连忙不懂声色地想办法离开，跑到自己的健身房，如果我的拳师在那里，我就跟他对打；如果拳师不在，我就猛力地锤击皮囊，直到发泄完自己的满腔怒火，整个人轻松下来为止。”

减压启示：

一位内向的年轻女孩来到心理咨询中心，说道：“两个月前我被公司解聘了，心里很恼火，不愿意见人，整天就待在家里，憋得心慌，内心也变得更加痛苦，有什么办法能够摆脱这样的处境呢？”心理医生这样建议：“你这样是不行的，时间长了就会变得郁郁寡欢，寻找一种让自己放松的方式吧。”

压力过大，请及时转移注意力

在闲暇时走进公园，在观赏美景的同时，放松一下身心，体味美好的生活。走近喷水池，看着高高喷射出的水花，我们不假思索就会明白这是压力的作用。

就像喷水池我们经常见到一样，生活中的压力也处处存在。有压力才会有动力，有动力才会让生活有了质感。话虽如此，人们在面对来自各方的压力时却让心时常找不到自己，看不清方向。只能在尘世的无奈中任岁月流逝，在心间、眉宇间蒙上了一层霜。

即使你可以逃避，但也只是一时，问题仍然会在下一刻侵扰你的内心。压力给人以苦恼，因此有太多的人一直在寻求解决办法，让心在失衡的现代社会中找到属于自己的天堂与乐园。但是各种困扰却会层出不穷的出现在我们的人生里，它似乎变化着花样悄悄的来到我们的身旁，伴着岁月与我们一起成长。如果你能驾驭它，就能成为它的主人；如果你任由它肆意增长，它会成为你人生的一大主题，让你的悲情生活一遍遍的上演。这或许就是生活的有趣之处。

在一次煤窑施工中，发生了瓦斯爆炸，煤窑严重坍塌，唯一的出口被厚实的泥土严严地堵死，在矿井中作业的五位矿工深困其内。幸运的是，矿井里刚好有足够的食物和水源。这给被困矿工赢得了极大生机。他们找到各自的位置，安静地坐下，等待着窑外的人们来救援。

时间在死寂的黑暗中震颤着。一天、两天……一个星期过去了，他们支着耳朵，却始终没有听到渴望已久的声音。有人开始烦躁，有人发出凄厉的尖叫。大家已无法承受恶劣环境带来的巨大精神压力，个个都快要崩溃了。

突然，他们听到“啪”的一声。黑暗中有人吼叫起来，“谁，他妈的谁打我？”一个黑影朝四个伙伴咆哮着，四个伙伴都开始辩解。可黑影就是纠缠着他们不放，审犯人似的一个一个详细审问，甚至问得有些不着边际。为了免受冤枉，四位工友还是认认真真地回答。直至个个哈欠连天，声称被打的黑影这才闭了嘴，没趣地倒在一旁呼呼大睡。过了许久，大家都睡醒了，又听到“啪”的一声脆响，这次挨打的是另一位工友，只见他捂着脸，怒不可遏地号叫起来，径直扑向第一位挨打的黑影。双方都不示弱，幸好其余三位工友眼疾手快，死死把双方抱住，两人才住手。为此，大家你一言我一语地理论起来。

类似的情况在每位矿工身上都发生过，其中一位脾气很好的矿工连续挨了三个耳光，最后忍无可忍，勃然大怒。就在他们整天为耳光的事纠缠不清的时刻，头顶一丝微弱的亮光提醒他们，有人来救他们了。至此，他们在井底足足被困了23个日日夜夜。

你知道这几个工人，最终为什么能活下来吗？在黑暗中相互猜忌，以至于互相大打出手，在这种“自相残杀”，在食物和水短缺的状态下，他们竟然存活了23个日日夜夜，这都因他们处于压力之下，利用压力，转移了自身对恐惧的注意力。

能够控制压力，让压力给自己以积极的作用，你的人生才会大踏步地接近成熟。但生活中的很多人已经习惯了在可以选择前进时去选择无所作为，因为前方有太多的苦难要去面对。很多人在能够挑战自己、改变生活时选择了维持现状，因为现实的压力让他们觉得自己进退维谷。哲人说：“谁要是害怕走崎岖的山路，谁就只好永远留在山脚下。”谁要是不能在压力面前站直了，不趴下，谁也就永远只能在原地踏步，苦闷地思考自己为什么不能拥有收获的喜悦。

晓得控制和利用压力的人，是生活中的强者，即使你做不到这点，能让自己学会释放压力，让生活变得轻松、恬静，你也是一个善待自己的人。压力与心态也是紧密相连的，把握好自己的心态，管理好自己的情绪。让压力减少到最低限度，适当的释放，会是一种很不错的方法。

1. 玩自己喜欢的运动

每个人都有自己喜欢的运动，有的是篮球，有的是羽毛球，有的是跑步……当自己压力很大的时候，就可以抛下手头的事情，疯狂地玩一次自己喜欢的运动，让自己在运动中尽情地宣泄，让自己的压力喊出涌出，这样就会轻松很多。

2. 跟朋友一起K歌

其实，唱歌也是一种很好的减压方式，但是需要注意的是，我们需要叫上那些玩得比较开的朋友，一群人在一起疯狂地唱和跳，这种感觉会很放松。当然，如果允许，可以喝一点点红酒，微醺的感觉更好。

3. 去骑行吧

一辆单车，一个旅行包，就能够进行一场短暂而又放松的旅行了。现在微信、陌陌等社交软件比较发达，在我们身边也有很多骑行组织，你可以选择一个合适的群体，然后一起去骑行。归来之后，洗个热水澡，好好地睡一觉，相信整个人会轻松很多。

4. 玩玩游戏

当觉得自己内心压力较大的时候，可以来几把游戏，在游戏的世界里尽情地玩耍、驰骋，整个人的心情就会感觉轻松很多。不过凡事记得点到为止，不能过度沉迷其中。

减压启示：

如果你也把握不好自己的心境，或者你心乱如麻，暂时地忘却也是一种美丽的境界。现实人生中，当我们处于压力的困扰中时，找一个释放自己内心深层感触的港湾也是一种别致的情怀。暂时的忘却能让心得到抚慰和歇息。让心拥有一刻的洒脱，释放心中的苦闷，得到暂时的宽慰，然后正视自己，面对生活。

看电影听音乐，在艺术熏陶中缓解压力

缓解内心压力、发泄负面情绪的方法很多，其中不乏看看电影、听听音乐这样既轻松又恰当的方式。那些轻松、畅快的音乐不仅能给人带来美的熏陶和享受，而且，还能够使人的精神得到放松，所以，当你在紧张、烦闷的时候，不妨多听听音乐，让优美的音乐来化解精神上的压力和内心的苦闷。和音乐有着相同“疗效”的还有电影，曾经有位朋友这样说：“每次心里感到苦闷的时候，我就看周星驰的《唐伯虎点秋香》，边看边笑，到现在为止，我已经记不清楚自己看了多少遍了。”足以见得，电影所能带给我们的轻松心境。

其实，音乐和电影逐渐成为了许多人发泄情绪、释放压力的方式之一，有了音乐和电影，就算一个人呆在黑暗中也会感到安全，感觉到充实。曾遇到过一位信奉基督教的朋友，她这样讲述自己的经历：“最近老是被烦心事困扰，心变得敏感而细腻，那天，回到住的地方，居然发现自己没有带钥匙，同住的朋友还没有回来，一个人站在空旷的过道里，除了恐惧，还有一点对朋友的憎恨，有趣的是，那天我正好带了圣经，无聊之余，我翻开了圣经，借着灯光朗读起来，还唱起了圣歌，后来，我朋友回来了，这时，我心里已经回归了平静，不再抱怨，也不再生气。”音乐所带给我们的除了愉快，还有一份灵魂的寄托。

当然，音乐是不具备选择性的，烦闷、愤怒时人们都更倾向于听自己最喜欢的歌曲，其中，轻音乐是最好的一个选择，因为，它不像摇滚乐那样刺耳、嘈杂，更适合需要安抚的情绪、心境。

轻音乐可以营造温馨浪漫的情调，带有休闲性质，因此又得名“情调音乐”。它起源于一战后的英国，在20世纪中期达到了鼎盛，在20世纪末期逐渐被新纪元音乐所取代，并影响至今。班得瑞是轻音乐中的经典乐队之一，曾有人说班得瑞是“来自瑞典一尘不染的音符”。“班得瑞”来自瑞士，它是由一群年轻作曲家、演奏家及音源采样工程师所组成的一个乐团，在1990年红遍欧洲。“班得瑞”不喜欢在媒体面前曝光，他们喜欢深居在阿尔卑斯山林中，清新的自然山野给班得瑞乐团带来了源源不绝的创作灵感，也使他们的音乐拥有最自然脱俗的音乐风格。

当你轻轻地闭上眼睛，再放上班得瑞那一尘不染的天籁之音。你就会发现那些不沾尘埃的一个个音符，静静地流淌着，它带走了一直压在心中的忧虑，让你的心灵在水晶般的音符里沉浸、漂净。清新迷人的大自然风格，返璞归真的天籁，如香汤沐浴，纾解胸中沉积不散的苦闷，扫除心中许久以来的阴霾，让你忘记忧伤，身心自由自在。

在充满竞争的现代社会，每个人会或多或少地遇到一些压力。可是，压力既可以成为我们前进的阻力，自然也可以变成动力，很多时候，需要看我们如何去面对。这个社会是不断进步的，人在其中不进则退，所以，在遇到压力的时候，最有效的办法就是如何缓解压力，如果暂时承受不了，就不要让自己陷入其中，可以通过看电影、听音乐，让自己紧张的心情渐渐放松下来，再重新去面对，这时，你往往会发现压力并没有那么大。

除了听音乐、看电影等这样的具体方式，我们还需要调整心态。

1. 以积极的心态来面对压力

有的人总是喜欢把别人的压力放在自己身上，比如，看到同事晋升了，朋友发财了，自己总会愤愤不平：为什么会这样呢？为什么就不是自己呢？其实，任何事情，只要自己尽了力就行了，任何东西都是急不来的，与其让自己无所谓的烦恼，不如以积极心态来面对，努力调整情绪，让自己的生活更加丰富多彩。

2. 解开心结

人们在社会生活中的行为像极了一只小虫子，他们身上背负着“名利权”，因为贪求太多，把负担一件件挂在自己身上，舍不得放弃。假如我们能够学会放弃，轻装上阵，善待自己，凡事不跟自己较劲，这样，我们的压力自然就得到缓解了。

3. 转移压力

面对生活的诸多压力，转移是一个最好的办法，当压力变得太沉重，我们就不要去想它，把注意力转移到让自己轻松快乐的事情上来。当自己的心态调整到平和以后，就不会再害怕眼前的压力了。

4. 感激压力

人生不可能没有压力，若是没有压力，我们的人生就不会得到进取。没有压力，我们的生活或许变了模样，因此，当我们尽情享受生活的乐趣时，应该对当初困扰我们的压力心存一份感激，因为有了压力，我们才能走得更远。

减压启示：

其实，音乐和电影有一个共同的特点，它们都是艺术。当一个人被负面情绪所困扰，感到精神压力巨大的时候，把自己置身于艺术的境界中，卸下心中的负担，你会发现，自己感受到一种前所未有的轻松，畅游在艺术的殿堂里，忘记了烦恼，心绪变得平静，心境变得宁静，那些压力、愤怒都在这样的心境中慢慢释放，最终，我们的心回归到一种平静。

第10章 职场减压法：不要被工作的烦恼所累

现代人的压力主要来源于两个方面，一是生活，二是工作。其中工作压力不容小觑，比如担心公司倒闭、被老板骂、被炒鱿鱼，当然还有办公室乱七八糟的人事关系等。职场减压做不好，工作也就做不好，所以，别为工作中的烦恼所累。

高效率工作可以有效缓解压力

时间观念的改变，会使一个人的生活更丰富、更充实，在管理时间、利用时间的过程中，你的做事效率必定也会有一个很大的提升。时间对于每一个人来说，都是无法挽留的，它就像东逝之水，一去不复返。当一天结束时，时间不会留作明天待用。一个有所作为的人，必须学会有效地安排时间，有效地利用时间，更为重要的是优化自己的时间观念，提升自己的做事效率。

高效率意味着高投入，没有投入就没有产出，低投入只能带来低产出。对大脑的投资是一种决定命运的投资，只能以最大最优先的投入对待。对大脑的投资也是一种产生最大效率和最大收益的投资，永远不会亏本。明白了这个道理，你才能拥有正确的时间观念，才会有获得财富和社会地位的能力，才能获得比别人更高的效率，才能跑在赛道的最前面。

诺斯古德·帕金森是英国著名的历史学家，他在分析了为何“大型组织大而无当，毫无生气”时，指出：“事情增加是为了添满完成工作所剩的多余时间。”这个定律告诉我们，工作效率低，是因为我们给了这个工作太多的时间。

帕金森描述了一位老太太花了一整天时间，寄一张明信片给她侄女的过程：花一个小时找那张明信片；花一个小时找眼镜；花半个小时查地址；花一个半小时写明信片；用20分钟考虑寄信时要不要带伞。就这样，一个人只需花3分钟就能干完的事情，却让另一个人花了一整天时间才干完，并且犹豫不决，疲惫不堪。

帕金森得出结论：“做一份工作所需要的资源，与工作本身并没有太大的关系，一件事情膨胀出来的重要性和复杂性，与完成这件事花的时间成正比。换句话说，给自己很多时间做一件事，不一定能提高工作的效

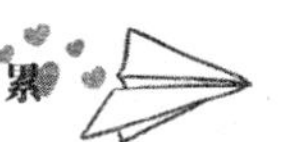

率。时间多反而越容易使人懒散，缺乏动力，效率低。一个学生平均成绩一直较低，家长只好让他修学分最低的功课。儿童心理学家却建议这个学生多修一些课。结果出乎大家意料，这个学生多修课后，所有功课成绩不降反升。事实上，这个学生要做的就是打起精神，提高学习效率。

我们常说，观念决定思路，思路决定出路。对待一件事情，一堆事情，一天的事情，甚至是更为长远的规划，能做到帕金森那样对利用时间、提高效率有如此清晰的认识，你投资大脑的工作就取得了卓越的成效，你将取得可喜的转变。

一些成功的企业家告诫年轻人，有什么样的思想观念，就有什么样的工作效果。不断地更新观念，不断地分析自己、认识自己、提高自己，才能改变不执行和浪费时间的不良习惯，提高整个企业的运转效率，自动自发地做好本职工作。

在这个世界上，做同一种工作的人不计其数，做同一种工作的方法更是数不胜数，其中不乏效率高的方法。这就需要自己去寻找、去借鉴。在这个追求高效率的社会里，抓不住效率的绳索，就会被高效率的机器甩出十万八千里。没有效率意味着死亡。不投资大脑也就意味着没有效率。

1. 把工作分类

工作大致可以分两类：一种是不需要思考，直接按照熟悉的流程做下去；一种是必须集中精力，一气呵成。对于这两类工作，所采用的方式也是不同的。对于前者，你可以按照计划在任何情况下有序地进行；而对于后者，必须谨慎地安排时间，在集中而不被干扰的情况下进行。

2. 定时完成日常工作

每天都需要做一些日常工作，比如打扫卫生，保持一个良好的工作环境；查看电子邮件，与同事或上司交流；浏览网页等。那么，每天预定好时间集中处理这些事情，通常安排在上午或下午开始工作的时候，而在其他时候就不要做这些事情了。

3. 及时寻求帮助

对于熟悉的工作和操作，需要加快速度，保质保量完成。对于自己工作中不太熟悉的技能和工作，及时向同事或上级寻求帮助，以加快工作进程。

4. 提高执行力

提高做事效率，其中重要的一项是提高执行力。要提高执行力就要做到加强学习，更新观念。日常工作中，我们在执行某项任务时，总会遇到一些问题。而对待问题有两种选择。一种是不怕问题，想方设法解决问题，千方百计消灭问题，结果是圆满完成任务；一种是面对问题，一筹莫展，不思进取，结果是问题依然存在，任务也不会完成。反思对待问题的两种选择和两种结果，我们会不由自主地问到，同是一项工作，为什么有的人能够做得很好，有的人却做不到呢？关键是思想观念认识和对待时间的态度的问题。

减压启示：

投资大脑，为未来准备知识，知识和经验能使你在新的形势中迅速找出规律，你找出的规律越多，你的效率提升越快，你在各种情况下作出抉择、采取行动的速度就越快，你的时间也就节省得越多，这就会使你迅速走入成功者的行列。

找准根源，有效舒缓压力

工作中的压力真的可以减少吗？或者说，真的会有一种方法可以有效地减少一半工作上的压力吗？许多人总会表示不屑：自己已经工作这么多年，减少工作压力难道会没有方法？这个话题本身就很荒谬。然而，事实是存在的。比如，在日常工作中，我们经常会出现这样的情况：花一两个小时开会讨论问题，却没有人清楚真正的问题在哪里。那么，压力就产生了。当然，别人无法帮助你减少工作中一半的压力，因为关键在于你自己，其他人根本无法帮助你。只要你足够努力，相信你是可以成功地减少一半工作上的压力的。

许多年前，约翰满怀热情，加入到推销保险的行业中。后来发生了一些事情，使约翰非常沮丧，他开始瞧不起自己的工作，几乎要决定放弃了。然而，在一个无所事事的周六早上，约翰坐下来试图找出自己压力的根源，他通过自问自答的方式，找寻到其中的端倪。

首先，约翰问自己“究竟出现了什么问题？”回顾自己工作的经历，约翰发现自己非常认真地去做业务，收到的效果却是微乎其微。即便约翰与客户洽谈比较顺利，但到了关键时刻，那些客户无一例外地以一句话搪塞了约翰“我再想想，你下次再来吧”。于是，约翰不得不花费更多的时间去再次拜访这些客户，在这个过程中，法兰克感到非常沮丧。

然后，约翰开始问自己“是否可以找到有效的方法来解决问题呢？”为了很好地回答这个问题，约翰将过去一年的工作记录本打开，认真研究真实情况。令他感到惊讶的是，自己的工作时间差不多有一半都浪费在那些成交量不大的业务上面。原来，在过去的工作经历中，明显地看出约翰在推销保险的过程中，初次见面就成交的占据了70%，第二次见面成交的占据了23%，而第三次、第四次、第五次……以及很多次才成交的占据了百分之七，而约翰恰恰将工作重点放在花费时间最多、成交量最少的业务上面。

最后，约翰问自己“那么最终的结果是什么呢？”显而易见，既然第二次以后的与客户见面没有必要，那就需要将这部分时间用以去拜访新的客户，说不定成功的概率还会大很多。

于是，他决定按照这个方法去做。结果是令人惊喜的，即便在很短的时间内，但他的工作效率却得到了大大的提升，差不多提升了一倍。

约翰曾经一度想放弃自己的工作，他差点就承认自己确实不适合做这行。不过，当他静下心来认真分析问题之后，他成功地找到了一种解决问题的有效方法，最终将自己引入了成功之路。如今，约翰是费城诚信公司的一名员工，每年成功洽谈的业务高达100万美元以上，被誉为美国最有名的人寿保险业务推销员。

1. 收集足够多的事实

谨记哥这样一句话：“世界上的压力，大多数是由于人们没有足够的知识来做决定之前，就想做出决定。”一旦你收集了足够的事实，那就不会造成这样的情况，你可以做出一个有效的决定。

2. 认真分析收集的一切信息之后再做决定

即便收集了信息，不过若不对信息加以分析，那是无从收获的，而这样做出的决定也是仓促的。

3. 马上将所做的决定付诸于实际行动

一旦做出了非常谨慎的决定之后，就需要马上将其付诸于实际行动，不要犹豫不决，也不需要为不必要的事情而感到压力。

减压启示：

假如你还在为工作而烦恼？或许因为工作上的烦恼想放弃自己的工作？那不妨可以按照下面的方法去做，说不定可以减少你一半的工作压力。

请用一支笔在一张纸上写下以下几个问题，然后自己回答，这样你就可以成功地找到有效的方法：第一，到底是什么问题让你感到压力？第二，问题是怎么导致的？第三，解决问题的有效方法是什么？第四，你觉得采用什么样的方法可以解决问题？

有效的时间管理，让压力减半

在生活中，尤其是职业女性，每天的日程表都被安排得满满的，需要很早起床，因为做早餐是她们一天的第一项工作，然后还要收拾餐具，然后再匆匆地跑出家门。在单位里熬了八个小时之后，还要拖着疲惫的身体回家，但是依然不能休息，因为还要做晚饭、收拾房间，有时还要洗衣服。可以说，职业人算是世界上最忙的人了，在他们的时间观念里根本没有闲暇时间这个概念。

有一次，卡耐基决定去巴黎拜访一个很多年没见的远房表姐。在卡耐基12岁的时候，表姐就远嫁到巴黎，他们已经很久没见面了，所以当表姐在巴黎见到卡耐基时非常高兴，嘱咐仆人好好招待他。不过，令卡耐基感到奇怪的是，表姐有了很大的变化，她消瘦了很多，而且整个人看上去没什么精神。卡耐基希望能与表姐聊聊，她最近都在忙些什么。不过，表姐似乎并不想与他聊天，她看起来是那么地忙，好像卡耐基的突然到来令她有些措手不及。

当时，卡耐基到巴黎已经是傍晚了，表姐正打算出门，简单的招呼之后，表姐就说："戴尔，你先在家里休息一下，我现在必须得走了，因为我要赶着去参加一个非常重要的课程。"卡耐基只好答应下来，表姐则匆忙着出了家门。

吃过晚饭之后，卡耐基和表姐家的仆人聊天，并询问仆人："表姐最近过得怎么样？"老仆人告诉卡耐基："她最近过得很累，因为你的表姐夫之前丢失了一份好工作，现在她不得不和丈夫一起承担养家糊口的责任。虽然她平时不需要做家务，但是她会利用每一分每一秒去赚钱，刚才她就是出门去给小女孩上钢琴课。"听到这样的话，卡耐基很吃惊，问道："难道她就没有时间来休息吗？"老仆人叹口气："她非常繁忙，假如一个人可以不睡觉，我想她会24小时都在工作。"

听了老仆人的话，卡耐基总算明白表姐为什么变化那么大了，原来一切都是忧虑而导致的，而最终的源头在于没有多余的时间来休息。

亚里士多德曾说："人唯独在闲暇时才有幸福可言，恰当地利用闲暇时间是一生做人的基础。"确实，闲暇时间对于我们每一个普通人而言是至关重要的，尤其是对于职业女性。精神科主治医师约翰·克雷曾说："人的精神如果总是处于紧张状态的话，很容易导致各种精神疾病的产生，而合理充分地利用闲暇时间则是缓解精神紧张的最佳方法。

1. 你一天忙碌吗

你是否一天经常觉得有很多细小的事情要做，却又不知道该如何开始。一件工作分配给你，你总是到了快到交工作时忙得焦头烂额，你是否经常下班回家路上才想起工作没做完呢？于是，你把工作带回家做，搞得生活与工作严重交叉，压力更大。

2. 制订一天时间表

每天需要空出15分钟制订每天的时间表：写下自己要完成的这一天的任务；给这一天的任务制订时间顺序；预计每件事情所需要的时间；给每件事情分配时间；把每项事情都填入时间表，提醒自己某个时间段应该做什么。

3. 接听电话的技巧

如果在接听电话时不注意技巧，也很浪费时间。比如，避免太多关于工作以外的闲谈；及时地用笔和纸记下重要的东西；准备好说什么；给出确切的答复；不要在做非常重要的事情时打电话；认真听电话的详细内容。

4. 注意电脑资料的整理

假如使用电脑不当，也会很容易浪费时间。在系统中创建工作文档；把需要长期保存的文档移入合适的文件卡，及时删除不需要保存的文件；在桌面上创建快捷方式，便于直接进入工作文档。

5. 制订待办工作清单

制订待办工作清单，比如每天待办清单，项目待办清单，长期待办清单。这样可以帮助你分配个人的精力，帮助你更有效地规划每一天，从而使你事半功倍，目标明确。

6. 防止别人的打扰

遵守“办公室保持安静”的原则，防止同事找你无休止地聊天、闲谈而浪费双方的时间。当你正在构思一个重要方案、计划，或者与重要客户打电话时，可以关上办公室的门，这样可以防止别人的打扰。

7. 提高工作效率

其实，合理地安排时间，有秩序地处理手头的工作是提高工作效率的最佳办法。只要工作效率提高了，那么拥有闲暇时间就不是一件不可能的事情。现代社会，科学技术每天都在以惊人的速度发展着，很多帮助人干

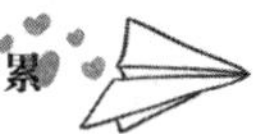

活的机器都给发明出来了。虽然，这些东西比较贵，人们可能会觉得没有必要购买。但是，假如花很少的钱来换取快乐的感觉，那么人们就会毫不犹豫地作出选择。对于我们而言，这些机器为你节省了很多时间，让你能够得到充分的休息和放松，这样你就有愉快的心情和充沛的精力去迎接新的工作了。

8. 利用闲暇的时间

当然，并不是拥有了闲暇时间就能达到我们所要的效果了。其实，假如我们不能把这些闲暇时间充分利用的话，那么还是没办法起到事半功倍的效果。那么究竟该怎么办呢？很简单，找一些自己最感兴趣的事情，比如你喜欢文学，那就利用闲暇时间来多读书；假如你喜欢音乐，那就利用闲暇时间多听听歌；假如你喜欢诗歌，那就不妨在闲暇的时间写上一首诗；假如你真的太累了，那不妨好好睡上一觉。当然，利用闲暇时间的准则就是让自己活得愉快、充分享受。不过，假如你的行为可以间接地充实自己的话，那就更加完美了。

减压启示：

随着社会环境的变化，人们面临的生存压力也越来越大，因此很多人开始忽视闲暇时间。他们把享受闲暇时间看成是一种浪费生命的行为，认为那种做法会让自己陷入困境。实际上，为了能够适应整个社会环境，人们必须学会给自己减压，让自己得到放松。否则，压力会让你精神衰弱、情绪紧张，继而会剥夺你的快乐和幸福。

工作中多沟通，善于寻求帮助

俗话说："一个篱笆三个桩，一个好汉三个帮。"在公司里，如果你不懂得或不善于利用他人的力量，光靠单枪匹马闯天下，是很难施展你的才华的。在工作中，在我们身边有许多方面的人际关系，都需要我们去斡

旋、利用，其中，最主要的，也是我们最容易忽视的就是与上司、同事的沟通关系。与上司和同事做好沟通，与之建立和谐的关系，我们才能更轻松地应付工作。

一位职业女性这样讲述了自己的工作经历：

我从事销售工作已经一年了，当时，我在一家公司为建筑施工企业的管理者提供建造师、监理师职业资格培训。这份工作最后以辞职收场，主要在于我与上司的意见不合。那时，公司在拓展南京市场后的一段时间里，我向上司建议拓展南京周边的市场，比如扬州等城市，以此扩大市场占有率。随后，我就拟写了一个营销方案，但是，这个营销方案没有得到上司的认可，他坚持要把南京市场做好。对此，我十分生气，后来与上司大吵了一架，怒气冲冲的我对上司说：“你没有战略眼光！”接着，我就辞职了。

虽然，她这种向上司建言献策的精神值得我们欣赏，但是，她与上司沟通的方式与态度却是不可取的，与上司因为意见分歧而争吵更是不可取的。作为一个下属，对上司说“你没有战略眼光”，将会直接激化其与上司的矛盾，最终，她并没有达到出谋划策的目的。因此，我们在向上司谏言时不仅要说到关键点上，同时，也需要注意自己的表达方式与态度。一位公司的董事长这样说：“作为上司，我希望下属能提供系统的问题和解决方案，而不是一些零碎的观点和牢骚。”

小雨刚到公司不久，主管就安排他与一位老同事写一份计划书，两个人在确立计划书的方式时，小雨提出了自己的看法，可是，老同事却以不屑地眼光，说道：“小姑娘，你想邀功的心情我理解，但你才进来，还是低调点好，小心‘枪打出头鸟’哟。”小雨心中很生气，但是，她冷静地想了想，老同事是干了十几年的老职员，如果与老同事发生了矛盾，对自己今后的工作十分不利。于是，小雨诚恳地说：“我其实并不想邀功，只是希望与您合作能够干出点成绩来，不管用谁的方案，报上去时都用您的名字，我就当好您的搭档。”听了小雨诚恳的话语，老同事终于同意了小雨的方案。

大多数老同事会凭着自己资历深厚而对新人的言行举止百般挑剔、

抵触或者根本不认同，处处干涉、事事指导，让一些职场新人无法施展自己的能力，工作总是被牵制。另外，一些老同事还有一定的戒备心理，他们在工作上很保守，不愿意指点、帮助新同事，害怕“教会徒弟，饿死师傅”。面对如此刁钻的同事，我们该怎么办呢？其实，只要我们言语中流露出对他的尊重或者赞美，对方就一定会被感动，并愿意成为我们工作中的合作伙伴。

1. 过好心理这一关

在工作中，我们与同事都是相互合作的关系，并不完全是互相竞争。毕竟把整个工作项目做好，才是老板的最终诉求。所以，当你在一些工作项目中遇到一些困难，应该主动寻求帮助，不要认为向别人寻求帮助就是自己能力低下的表现，每个人都有擅长和不擅长的一面，或许你擅长的恰恰是对方不擅长的。而且，在主动求助这个过程中，还可以建立和谐的同事关系。

2. 明白你需要什么样的帮助

通常情况下，模棱两可的目标往往会导致模糊不清的结果。所以，当你需要向上司或同事求助的时候，需要明白自己到底需要什么样的帮助，这样可以增加成功的概率。同时，也可以节省一些时间。

3. 向具体的某位寻求帮助

假如你处在一个写字间，笼统地问是否有人愿意提供帮助，那他们就会觉得“估计是没什么事情才可以参与”，这样你所获得自愿帮助的机会就很少。但是，假如你想好在同事中谁可以帮助你，那你就直接去找这个人，这样你争取获得帮助的机会就会大很多。

4. 感谢对方的帮助

当对方协助你完成工作项目之后，一定要记得感谢对方的帮助，这样对方才会感到自己所花费的时间和精力是受到相当肯定的。而且，即便你以后需要帮助的时候，也可以再请求帮助。如果对方需要你帮忙的时候，你也应该答应，这样才能建立相互协作的关系。

5. 将功劳送给别人

假如老板和同事都夸你工作完成得很好，你应该让他们知道谁帮助了你，将功劳分一些给帮助你的人。这不仅会让帮助你的人心里感到由衷地高兴，也会给老板留下好印象。毕竟，聪明的管理者总是欣赏那些齐心协力为共同利益一起完成工作的人。

减压启示：

在公司，我们接触最多的就是上司与同事，工作的事情需要向上司汇报，工作的细节需要与同事商量，对于我们来说，他们无疑是我们工作中的核心人物。对此，需要与同事、上司做好沟通，建立好关系，或许，只有这样，你的职途才会更加平坦。不仅如此，当我们需要帮忙的时候，应该主动寻求帮助，这样可以减轻工作上的不少压力。

学会享受你的工作，压力不再来袭

戴尔·卡耐基说："仅仅'喜爱'自己的公司和行业是远远不够的，必须每天的每一分钟都沉迷于此。"在生活中，我们经常听到有人抱怨："工作一点也不快乐，很累，目标难以实现，做事处处碰壁，成功总是那么遥遥无期。"似乎，工作对于他们来说，一点乐趣都没有。其实，只有那些对工作缺乏激情的人才会觉得工作很累，他们没有办法享受到工作的乐趣。作为职业人，要想在职场中拼出属于自己的一片天空来，就需要点燃自己对工作的激情，学会享受工作。

在美国标准石油公司，有一位小职员叫阿基勃特，他在出差住旅馆的时候，总是在自己的签名下面写上"每桶四美元的标准石油"字样，甚至，在书信收据上也写下这样的字样。因此，他被同事们叫做"每桶四美元"，而他的真名倒没人叫了。

公司当时的董事长洛克菲勒知道这件事的时候，他说："竟然有职员如此努力宣扬公司的声誉，我倒要见见他。"于是，洛克菲勒邀请阿基勃特共进晚餐。后来，洛克菲勒卸任，阿基勃特成为了第二任董事长。

到底是一股什么力量促使阿基勒特长年累月地这样宣扬公司的声誉呢？当然是对工作的激情，对本职工作的热爱。他在自己的签名下写上“每桶四美元的标准石油”，以及在书信收据上写下同样的字样，在这个过程中，他是乐于享受的，源于对工作的激情，他从来不觉得那是自己的负担。

江总是一位讲究严谨的人，在工作中，她会用十二分的热忱去对待每一件事，要求很严谨，一丝不苟，兢兢业业。身为一个女企业家，她身上最值得我们学习的就是她对工作的那种激情和严谨态度，任何时候，只要一提到工作的事情，她都显得兴致勃勃。

当记者问道：“作为女性，在房地产领域打拼，比男性面临更多的挑战，那么，您在工作中如何调节自己？”江总笑了笑，回答说：“作为女性，我要学会如何在工作中去实现自己的人生价值，这样我才能在工作中得到快乐。工作是生活的一部分，生活其实就是在工作，只有把工作当成了自己的毕生事业，才能在工作中享受到快乐，生活才能更加充实。快乐生活，与企业一起变老。”

只有那些对工作有激情的人，才能享受到工作的乐趣。在生活中有这样一些女人，她们明明有一份很好的工作，报酬也不算低，但却总是不满意，她们缺乏对工作的激情，看不到工作的意义，找不到自己的位置和价值，自然，她们也享受不到工作的快乐，有的只是抱怨和烦恼。她们只是把工作当成谋生的手段，甚至，当作负担，这样的女人，她们的位置迟早有一天会被人所取代。所以，如果你还拥有一份不错的工作，请保持对工作的激情，学会享受工作，使自己的人生价值在工作中得到彰显与展现。

1. 在工作中展现自我价值

约翰·洛克菲勒说：“工作是一个施展自己才能的舞台，我们寒窗苦读来的知识，我们的应变力，我们的决断力，我们的适应力以及我们的协调能力都将在这样一个舞台上得到展示。除了工作，没有哪项活动能提供如此高度的充实自我、表达自我的机会以及如此强的个人使命感和一种活着的理由，工作的质量往往决定生活的质量。”也因为如此，真正的享受与快乐都尽在工作之中。

2. 工作不仅仅是谋生的手段

对于许多人来说，工作只是谋生的手段，他们一方面在抱怨工作的累，一方面在期望能拿更高的薪金。如此，便把自己搞得狼狈不堪。其实，我们需要重新来看待自己的工作，工作不仅仅是谋生的手段，其本身就是人生的内容。对于每一个人来说，最痛苦的不是贫穷而是无事可做。在这一点上，或许，当你还不是很富有的时候难以体会到，但那些富人们却深有体会。

3. 热爱你的工作，激发对工作的热情

那些世界级的富豪们，为什么他们的钱多得可以用几辈子，但他们还是努力工作。其源于对工作的激情以及他们乐于自己的工作。萨默·莱德斯通说："实际上，钱从来不是我的动力。我的动力是对于我所做的事的热爱。我有一种愿望，要实现生活中最高的价值。"这或许是对那些富豪们为什么还努力工作的最好回答，工作本身给我们带来的物质享受是低级的，暂时的，而在其中体验到的精神上的愉悦才是长久的、深刻的。

减压启示：

俗语说得好："纵有房屋千百间，睡觉只需三尺宽；纵有良田千万顷，一日只能吃三餐。"对每一个人来说，人生的享受与追求不仅仅满足于生存的需求，还有更高层次的需求，也就是实现自我。从这个意义上来说，真正能让人实现自我的只有一件事——工作。对此，身为职业人，应对工作有激情，如此，你才能享受到工作中的快乐。

把工作分派给他人去做

巴菲特说："只有平庸的将，没有无能的兵。"大凡优秀的领导者总是可以从身边挖掘人才并可以充分发挥他们的潜能，而那些拙劣的领导者总是抱怨无人能用。于是，那些优秀的领导者带领身边的人才不断走向成功，而那些拙劣的领导者却在抱怨中走向没落。作为领导者，应该学会将权力放手给别人，有的领导者是天生喜欢操心，他无时无刻不是在担心这就是在担心那，好像一刻也不能放松，于是，他的整颗心都是紧绷着的。在生活中，无论是大事还是小事，他们都不放心别人去做，而是亲力亲为。当然，凡事都亲力亲为，这是一种负责任的态度，但若是太过亲力亲为，那就是有点以自我为中心了。对下属给予信任，将权力放手给别人，你会发现这才是成功者应有的风范。

王姐从小就有个习惯，对于有关于自己的事情，她必然是自己去做，她不放心任何人去做。在她年纪尚小的时候，有一次，她背着厚重的东西回家，身边的朋友好心建议说："让我帮你背一程吧。"结果她拒绝了，理由是怕对方将她的东西掉地上，朋友听到这个理由，下巴都快掉下来了。

长大后，王姐的这个习惯更是日益严重。高中毕业后，王姐就在一家蛋糕店当了收银员，平时没事就是守在那个柜台边，不让任何人接近自己的工作位置。店长吩咐："你有时间的时候，教教店里的导购怎么收银。"结果，王姐也是经常将这样的吩咐忘记了，她从来不放心自己的工作让别人去干。就因为这样独特的习惯，她在店里的人缘相当不好，但她工作倒是很负责任，工作了几年之后，升职当了店长，这样她更忙了。早上，她是第一个到店里的，晚上她是最晚离开的，因为她不放心任何一个店员，她需要亲力亲为收货、摆货、收银，虽然这样一来，自己算是放心了，但长久以往这样拼命地上班，王姐真是疲惫不堪。但如果她若是想不去店里，让店员们去做，她的心就更累。

终于，没过多久，王姐终于累倒了，躺在医院里，她所担心的还是蛋糕店："今天货到齐了吗？""货物摆放得整齐吗？"，坐在床边的老公忍不住说："你总是这样，凡事亲力亲为，你以为自己多伟大，但其实是抹杀了店员们表现自我的机会，今天早上我路过蛋糕店，发现没有你，他们依然将事情做得很好，有条不紊，你就不用操心了，你现在是店长了，很多事情完全可以交给别人去做。如果你总是操心，那你永远有操不完的心，你自己也会身心俱疲。”

在案例中，王姐虽然升职成为了店长，但她没有将手中的权力放手给下属，对店里的很多事情总是亲自去做，结果病倒在床上，她的累不仅在身体上，还来自心理。因为太过于操心，她几乎每时每刻都在想还有什么事情没做好，就好像一个陀螺一样，不停地转，直至最后无力地倒在地上。其实，她完全没必要这样累，放手将一些事情交给别人去打理，不仅轻松了自己，而且给予了下属展现自我的机会。

生活中，一个人操心太多就会使其身心疲惫，反之，如果将别人能做的事情交给其他人去做，自己只是观看或指导，这样反而会轻松很多。当然，要想培养这样的习惯，首先应该学会信任别人，以及放松自己。你只有足够地信任别人，才能放心地将事情交给对方；你只有放松了自己，才不会那么执着地想要自己亲自去做。所以，不要太过操心，让自己过得轻松一点，将某些人和事交给别人去处理，这样自己才能轻松起来。

权力的存在是一个十分合理的现象，对于领导和下属而言，却是一个敏感的话题。权力就意味着权威，领导需要这样的权威，下属也需要在这个权威下尽量自由支配自己的各项活动。无疑，这就形成了一个比较有活度的矛盾，其焦点在领导和下属之间移动，而领导者就是支配者。在很多时候，领导应该放手一些权力给下属。

1. 肯定下属

英国女演员和诗人乔吉特·勒布朗说：“人类所有的仁慈、善良、魅力和尽善尽美只属于那些懂得鉴赏它们的人。”任何一个下属都希望得到别人的肯定，尤其是上级的认可。美国著名的企业管理顾问史密斯指出：“一个员工再不显眼的好表现，若能得到领导的认可，都能对他产生激励的作用。”

2. 信任下属

权力是一切的基础，在此基础之上产生信任后释放权力。虽然，信任是一个很简单的词，但却包含深妙玄机，信任产生的心态就是认可，领导只有认可了下属才能信任他。一位管理学家说：“我相信部属具备必须

的技能和设备，能推动我授权执行的任务，于是我得以专心思考策略问题。”放手一些权力，不仅是领导者的自我松绑，而且也是一种本质的需要。

减压启示：

领导者所扮演的角色就无疑于一个母亲，当一个母亲放手让孩子跑步的时候，她确信孩子已经能跑了；当孩子在迷蒙中被母亲放手后才知道母亲放手的原因，因为孩子已经得到了信任。理由是权力，领导者放手权力给下属，也就是说，我信任你了，给你权力，你必须得去巩固它，发展它，那就会很快变得优秀起来。

积极行动是缓解工作压力的基础

没有任何借口，不仅只是做好本职工作的前提，更是缓解工作压力的基础。在日常工作中，人们总会遇到各种各样的问题，这时，往往有两种态度：一是找借口躲避；二是找方法解决。不少人觉得，自己能解决什么问题，能躲就躲吧，其实，这就是找借口的典型例子。不同的态度，不仅是工作效果的差别，更是不同命运的差别。那些主动找方法解决问题的人，必然是发展最快、最好的人；而那些不断找借口的人，必然是最没有发展的人。“找借口”是工作中最大的恶习，是一个职业人逃避应尽责任的表现，它所带来的，不仅仅是工作业绩的失败，甚至，会给公司和社会带来不可想象的损害。对此，要想成为一名优秀的职业人，需要做好本职工作，在任何时候，都不要找借口。

“没有任何借口”是一个职业人最基本，也是最重要的素养。这是每个人都需要具备的素养，只有你把握了这一点，才能将工作状态调整到最好，挖掘出自己最大的潜能。这样，不仅能给公司创造出最好的成绩，也能使自己得到最好的发展与回报。对于一个职业人来说，自己的大部分时间都在工作中度过，而正是通过工作，自己才能创造出最大的人生价值。一个真正期望其人生有价值的职业人，是绝对不会在工作中找借口的。在工作中，“没有借口”是一种优秀的职业素养，更是一种杰出的人生态度。

小张毕业后的第一份工作，是给公司的老总做秘书，而她做好的绝不仅仅是本职工作而已。工作没多久，小张便了解到老总患了一种慢性病，严重时会影响到工作，对此，小张显得格外小心。

有一天，小张在上班路上发现了一家药店的广告，正好说一种可以治老总病的特效药。于是，小张赶紧下车，将药买下，没想到这一耽搁，让从不迟到的她晚到了半个小时。她到了办公室，正碰到老总急得找她要资料，因此，对小张的迟到很不客气地训斥了一顿。在那一刻，小张觉得自己很委屈，当时就想解释，但转念一想：不迟到是公司的规定，有什么理由不遵守呢？于是赶紧道歉，一如往常地工作。

下班了，小张悄悄地将药放在了老总的桌子上，准备离开。老总发现了药，一下子反应过来，当他得知真实情况的时候，老总对自己早上的言行感到内疚，问小张：“你为什么不早说呢？”小张只是很诚恳地说：“您对我的批评是对的，不迟到是每个员工都应该遵守的规定，不论出于什么理由，我都不能找任何借口。”

许多人在工作中秉承这样一个理念：干好工作就行了，其他事情跟我有什么关系呢？对此，许多人问小张她是如何做到的，小张笑着说：“其实我也只是转换一下思考问题的角度而已。如果只从自己的角度与感受出发，当然做不到。但是，只要我们围绕工作应尽的责任来思考，就会觉得非做不可！因为一个对自己负责的人，是没有任何借口的！”或许，小张的这几句话对那些总在找借口的职业人有很大的帮助。

此外在工作之余，我们还可以通过一些小技巧来获得快乐。

1. 与身边的上司同事保持良好关系

我们最大的苦恼就是无权选择要和什么人一起工作，假如与其他人的关系不好，那工作就可能变成苦恼之源。所以，在工作中需要与上司、同事保持良好的关系，需要注意的是不要过于责备别人；不要在意上司的批评；不要讲闲言碎语；不要与人争辩。

2. 以自己的工作为荣

即便你并不是很喜欢你的公司，但还是应该努力把工作做好。因为只要你努力做好工作，就能够获得成就感，而且从中找到工作目标。假如你觉得自己的工作没有任何意义，那你内心就会感觉到无穷的压力，你根本没办法在工作中找到快乐。可以说，良好的工作态度有助于上司的青睐以及同事的赞赏。

3. 不要将工作带回家

下班之后基本上就自由了，严格区分工作与生活。绝对不能把任何工作带回家，包括检查电子邮件或考虑工作安排。当晚上来临，就努力把白天的工作忘掉，因为你在家里不可能完成什么工作，不如把这些事情都留到明天。

4. 不要因公司承担巨大压力

许多公司都有巨大的销售计划和利润目标，这样的公司理念很容易将压力带给员工，工作环境也变得压力十足。但是，作为员工，应该明白自己没有义务背负这种重压。不如把精力放在工作上，反而会为公司创造更大的价值。

5. 不要闲言碎语

人们很容易被办公室的八卦对话所吸引，或许从这些流言中获得暂时的快感。不过这些快感带给别人的伤害却是长时间的，还可能破坏你与其他人之间的关系。所以，不要在别人说闲话的时候煽风点火，表现出一些善意。假如你说过别人的闲话，那同样的事情也有可能发生在你身上。

6. 午休时好好放松

一旦有时间就尽量摆脱充满压力的工作环境，换个环境也可以让头脑更清醒。假如你把所有的时间都花在办公室里，你会出现幽闭恐惧症的情况。在午休的时候，可以找个优雅的咖啡馆或小花园放松一下，这可以帮助自己恢复精力。离开了办公地点，不管是独处或找朋友聚聚都是很好的选择。

减压启示：

一些人在工作失败后总是为自己找借口，从来不反省自己的过失，结果，自己本职工作没做好，反而搞得心情很差。其实，找一次借口并不可怕，可怕的是将逃避和推托变成了习惯，到最后，就连借口也成为了自欺欺人的手段，这无疑会阻碍自己向前发展。

第11章 压力急救措施：轻松进行自我减压

压力如同空气一样，时刻伴随在我们左右，尽管压力不都是坏事，但过大的压力却给人们带来烦恼。压力可能源于外界，更与我们自身对压力的反应有关。所以，减压无法依赖别人，更在于自身的调节。不管在职场，还是在家里，都能选择适当的方法进行减压，努力使自己的心灵保持轻松自在。

色彩生活，缓解你的心理压力

过去，在英国有一座桥，它有一个奇怪的特点，人们发现去那里跳桥自杀的人很多，后来，科技人员建议把桥漆成绿色，由于色彩的心理作用，去那里自杀的人明显减少了。或许，你会觉得这个故事听起来很不可思议，但是，据科学研究发现，色彩是视觉传达信息中的一个重要因素，因而，色彩能够表达一定的感情，而且，还能给我们带来不同的情绪、精神以及行动反应。比如，红色会比较醒目，当一个人心情比较烦闷的时候，看到红色，心情就会开朗起来；橙色，会让人感觉到温暖；黄色，有一种尖锐感和扩张感；绿色，能舒缓人的脑神经和视觉神经；蓝色，可以很好地稳定我们的情绪。所以，色彩对于我们的情绪有抑扬的作用，我们要借助色彩的魔力，在心中的调色盘中调出绚丽缤纷的色彩。

朋友工作了一年，虽然才刚刚大学毕业，但是在她身上完全没有年轻人的干劲，工作总是拖拖拉拉，以前的上司对她说："你是一个挺聪明的女孩，就是状态比较消极。"其实，她自己也想改变工作态度，但是，对于工作，她总是没有热情。一位心理医生向她建议："你需要加强自我约束能力，同时，改变一下自己的服饰色彩，调节一下心情。"其实，色彩对人的心理状态有着神奇的作用，它常常左右着我们的生活意向。

"色彩女人"于西蔓曾在央视"健康之路"节目中介绍了色彩在调节人们情绪时的神奇效果。于西蔓本身就是一个美丽而且十分干练的女人，短发，黑白条纹的上衣，黑色的短裤，黑色的低腰靴子。在她的身上，似乎有阳光在跳跃，每一次出现在人们眼前，她的整体服饰和装扮，总会给人明亮的和谐之感。这个懂色彩的女人，让自己的服饰告诉我们，明亮是一种心情，和谐是一种美，对于我们来说，色彩就像是一缕阳光，能为我们带来好心情。

于西蔓说："色彩是人的视觉产生的感受，从色彩心理学的角度讲，环境色彩对人的心理的影响是巨大的，当你去体验一种感情、一种感觉的时候，最初传递给你的是视觉、听觉等感官印象。"她被誉为"中国色彩第一人"，致力于色彩方面的研究，她将著名的"四季色彩理论"引进了中国，并针对中国人的色彩特征进行了相应的改造。

在谈到色彩对人身心健康的影响，一位医生这样说道："视觉对色彩的感知，会直接反映到大脑，引起神经变化，就会作用于心情。日常生活中，女性对服饰的选择，会受到心情的影响，但更多的是由个性决定的，个性活泼的人，多会选择亮色系的服饰。同时，服饰的色彩对人的情绪也有相当大的影响，一个性格忧虑的女孩若是穿上了亮色系的服饰，会相对改变她的心情。"

下面，我们就简单地介绍几种常见的颜色对我们情绪的影响：

1. 黑色

这是一个消极的颜色，它本身寂寞、神秘而又含蓄、严肃，黑色会给人的心里一种沉重感。当一个人情绪比较低落的时候，需要尽量避开黑色或灯光昏暗的场合。

2. 紫色

紫色给人一种积极、威严、尊重的感觉。这种颜色对人体的运动神经、淋巴系统和心脏都有作用，可以维持我们体内钾的平衡，使一个人能够从躁动的情绪中安静下来，并学会关心他人。

3. 蓝色

蓝色给人一种理智、广博、冷静的感觉，它有很强的稳定性。这样一种颜色可以调和人体的肌肉，影响我们的视觉、听觉、嗅觉，还可以减轻身体对疼痛的敏感作用。蓝色给人一种安全感，会令一个人的情绪平静下来。

4. 黄色

黄色是所有色彩中最亮的颜色，它给人一种快乐、活泼、希望的感觉，带来尖锐感和扩张感，刺激人体的神经系统和消化系统。不过，这样一种颜色偶尔也会给我们造成不稳定的情绪以及一些任意的行为。

5. 绿色

绿色给人一种和平、年轻、新鲜的感觉，可以促进我们身体的平衡，起到镇静的作用，另外，还可以舒缓我们疲劳的脑神经和视觉神经，令那些压抑的人心情得到改观。而且，它还对消极情绪有一定的克服作用。

6. 红色

红色给人一种生动、不安的感觉，它代表着一种力量和热情，这样一种颜色有利于我们的身心健康。如果你感到十分郁闷，若是看到了红色，心中的激情立即就被唤醒了。不过，如果你较多地接触红色，会使你产生一种焦虑。

减压启示：

刘翠萍说："我们每天都要接触色彩，如果想让色彩对我们的身心有帮助，就要选择适合自己的颜色。"心理学家则认为，从一个人对服饰颜色的偏好上，往往可以推测其心理，而且，服饰色彩的合理运用可以有效地调节人的情绪，从而影响人们的身体健康。

芳香疗法，精油舒缓情绪压力

芳香专家金郁容说："每个人都有这样的亲身体验和感受，当我们到碧波荡漾的大海边，静谧的山峦，或者是鸟语花香的田园，或在森林中时，当我们嗅到海水，花香或植物的气味时，忽然会敞开胸怀，获得异常的喜悦和快感，你的身体，器官和细胞都被打开了。"这听上去有点不可思议，但是，香气的确存在这样的效果。不同的香气，所起到的作用也大不相同，有的香气可以缓解疲劳，有的香气有镇定安神的效果。在“芳香治疗”中，有人将香气作为胎教的一种方式，帮助准妈妈释放心中不安的情绪，以缓解她们内心的焦虑。即使在日常生活中，我们也经常意识到香味能对自己的情绪起到很大的影响。那么，就凭借香气来调节心境吧，让心情充满幸福的味道。

李太太一直在进行“芳香治疗”，她觉得通过治疗，自己的心情开朗了起来，感到比以前快乐。对此，李太太逢人便说“芳香治疗”的好处。

有一次，李太太的好朋友雅子忽然对她说：“我很恐惧，忽然产生了可怕而强烈的自杀念头，可我却不想死，害怕自杀，我很痛苦。”李太太感觉到雅子的情绪十分低落，为了帮助朋友摆脱痛苦的纠缠，她找到了精油专家，请他配了一瓶最好的精油。精油专家告诉李太太：“这个配方是15毫升葡萄籽油+15毫升琉璃苣油+6滴香蜂草，让你朋友每天用15—20滴早晚抹在前胸和心窝，白天用一支棉球滴上数滴放在胸罩内，早晚使用的时候，滴几滴在手中，用手掌铺盖在脸上吸闻。”李太太嘱咐朋友雅子按照这样的方法去做，一个月过去了，雅子真的放弃了自杀的念头，人也逐渐变得健康和开朗起来。

法国气味学家通过研究表明，香味对于调节人的情绪、治疗疾病、保护人体身心健康，都具有十分重要的作用。比如，薰衣草香味能够改善抑郁症状和歇斯底里症状，消除内心的紧张；香橙的味道可以消除压抑气氛中产生的紧张、不安感；柚子味道有抑制内心愤怒的作用，等等。

下面介绍几种具有代表性的香味及其功效：

薰衣草：它的香气对治疗心率过速有效，这是一种温馨的香味，带着紫色梦幻的香味，同时，还有助于睡眠、放松等功效。

香蜂草：它以淡雅的柠檬香，以及所含醛类消炎的属性，能够迅速抚平内心迷乱的心，如果你感到情绪混乱，可以闻一下这种香味。

迷迭香：这种香味给人的感觉是异常清醒的，具有醒脑的作用。一旦空气里弥漫了迷迭香的味道，就会增加人体血液的含氧量，使一个人反应敏锐，思维更加清晰。

岩兰草：现代社会中，人们情绪浮躁，如浮萍一样，那么，在岩兰草的香味中，亢奋的情绪会平静下来，不再烦躁不安。

玫瑰：玫瑰代表着爱情，其实跟它的香气有很重要的关系。当你感到寂寞，感到被人抛弃的时候，往往会做出冲动的选择，而玫瑰的香味则让你平静下来，重拾爱的温暖。

为什么香气有如此神奇的效果呢？对此，传统医学认为："鲜花草木，以其色、香、味构成不同的气，对人的身心都有治疗的功效。"因此，在生活中，我们看见那些疗养院都会广种花木，这样不仅美化环境，而且，还会有利于人的身心健康。在三国时期，华佗利用了丁香、香草、檀香、红花等来治疗呼吸道疾病，效果令人满意。

1. 多去花园

在20世纪70年代，苏联和德国曾用"园艺疗法"治疗抑郁症、失眠症，当时，安排了患者在街心公园劳动，他们在轻松的体力劳动中敞开了胸怀，享受着缤纷五彩和醉人的花香，那些疾病就在香气中慢慢消失了。

2. 尝试精油按摩

芳香治疗最基础的常识是依据每个人的情绪，选择不同的芳香精油，用以调解身心。当人们被紧张、焦虑的情绪笼罩时，其背部肌肉、肠胃的平滑肌会呈现出一种痉挛的状态。

通过科学研究发现，精油中的酯类与酚醚类的分子具有抗痉挛的作用，可以解除身体上的警报。于是，有人把这些具有神奇功效的精油又称为"情绪用油"。

减压启示：

有人曾计算过："一个人在花丛中漫步1小时能呼吸1000升带有花味的空气。"而这些富含花味的空气对提神很有帮助，另外，心理学家认为，人的嗅觉对带有花味的空气十分敏感，香气能够调节人的情绪。

服饰搭配得当，可有效缓解压力

法国时装设计师夏奈尔曾经说：“当你穿着邋邋遢遢时，人们注意的是你的衣服；当你穿着无懈可击时，人们注意的是你。”在生活中，人们在评价你的时候，不光是看你的才华，还要看你的衣着，这表明了着装的重要性。其实，服饰给我们带来的影响远不止这些，服饰搭配还可以调节自我心情，当你外表赏心悦目的时候，难道心情还会糟糕吗？对于我们来说，生活的节奏时而快，时而慢，这需要我们自己去调节生活的节奏，才不至于让自己过得那么压抑和烦闷。

李亦非曾经说：“我的美丽心情就是缘于自爱。”让人不得不佩服这个标榜着自爱的女人，无论内外看她都觉得有种别致的美丽，有人问她，你美丽的心得是什么？她骄傲地将美丽的心得公布开来：再忙再累也不要忘记关爱自己，女人懂得自爱很重要，就跟你的皮肤和脸蛋一样重要。

现在，李亦非每天都会做全身保养，这样会让皮肤有足够的水分，保持清爽白净。另外，李亦非喜欢品牌，并且从一而终。她认为同一品牌的系列产品之间是互补的，一定可以对女人提供周到的呵护，她偏爱SK-II护肤品、法国“天使”牌香水、“GUCCI”鞋子，这样她觉得女人在内外统一的时候，这时候真的是可以非常美丽，而且，更重要的是心情会变得很好。对她来说，服饰是最重要的，因为她始终相信：改变服饰是调节心情的一种有效方式。

在任何场合，李亦非都特别注重服饰的选择，既得体大方，又能显现自己的美丽。她的助手曾这样说她：“哪怕之前的心情有多么糟糕，只要她换上了宴会的服饰，笑容比谁都灿烂。”虽然嫁了一个很能干的老公，但她并不安于在家做全职太太，而是驰骋于职场，做一名出色的职业女性。她也会感到累，和大多数女人一样，她也钟情逛街，选择美丽的服饰，让自己看起来赏心悦目，这样可以减轻工作上带来的压力，还能够使自己拥有一份美丽的好心情。

如果你与李亦非聊天，不仅仅会从她那里得到了快乐的传递，还有智慧的交锋，她坦然“我没有寂寞的夜晚”，这句话令很多人感动得不得了，因为没有人不感到过寂寞，但她却可以独自一个人品尝着生活的快乐，因为自爱，她是健康美丽的，不仅仅是外表，还拥有健康美丽的心态。

人们总是比较逞强，去做一些难以做到的事情，到最后，累了自己。在生活中，充斥了工作和感情，让人们感到筋疲力尽，难以承受。但是，虽然我们无法改变现状，但我们可以改变心情。而改变心情可以从服饰的选择上开始，对于心中烦闷的我们来说，大可以选择简约时尚的设计款式，就像我们期望的完美生活一样，简单却又带着某种不平凡。一个会说话的服饰，用它那独有的方式默默地为我们分忧解难，给我们的生活带来一丝阳光。

在身边有一位朋友，总喜欢购买黑色衣服，无论是严寒的冬天，还是炎热的夏天，黑色都成为她的不二选择。偶尔，与她接触，发现她心态比较消极，常常会抱怨：“唉，我工作怎么这样！”“看你们多好啊，工资那么高，我好可怜”“我比较自卑，总感觉自己样子很丑”……如果你不及时打断她的话，她还会无休止地抱怨下去，似乎自己也陷入了“黑色”中。后来，她在心力疲惫之下走进了心理咨询室，心理医生这样建议她：“试着改变服饰的搭配，你将会有一个好心情。”她按照心理医生的指示，特别改变了服饰的颜色、款式，穿起来青春靓丽，时间长了，她变得自信了，更重要的是，心情也开朗了起来。

1. 穿得漂亮，心情自然好

有这样一种快乐的女生，每一段感情结束的时候，她们都会把自己打扮得很漂亮，哪怕前一天还灰头土脸地为男朋友做饭。可是，在宣告感情结束的那一天，她们一定会挑选最漂亮的服饰，选择最精致的妆容，或许，是因为难过的心情需要被安慰吧，她们通过外表的靓丽来调节内心的情绪，使自己能尽快地从失恋中走出来。

2. 合理调节服饰的颜色

在生活中，也有不少这样的人：他们对生活失去了希望，所选择的服饰颜色总徘徊在黑色与灰色之间，以至于他们整个人给人的感觉都是压抑与苦闷的。情绪是可以调整的，心情也是需要调节的，如果你感到愤怒或烦闷的时候，请改变你那亘古不变的服饰搭配吧，以此来调节心情，当你外表已经变得光鲜靓丽，心境自然会变得美丽起来。

减压启示：

好的心情当然来自于好的眼光，当你看到一个穿着邋遢、灰头土脸的人，相信你再好的心情也笑不出来吧，相反，如果你对着镜子，看到里面衣着得体，令人赏心悦目的自己，那么再坏的心情也会变好吧！

情绪周期，有效释放心理压力

在生活中，如果把任何事情都当成了一种负担，因为负担，我们就有可能生活在压力、痛苦、烦躁和苦闷之中。相反，如果把一件事情仅仅当成了一种习惯，因为习惯让一个人在潜移默化、不知不觉中成为自己梦想的那个人。

小伟是一个典型的上班族，最近，他似乎感觉到自己陷入了“情绪周期”。每周，从周一到周末，自己的情绪都处于一个相当不安稳的状态，满是烦躁、苦闷，他也不知道这是怎么了。

周一，小伟就尽力克制自己不想起床的欲望，躺在床上，他就在想今天又要开会，接受新的工作任务，总结上周的工作。如果自己在上周工作中出了小错，这天就感觉到格外的有压力。有时候，在路上碰到塞车、堵车、有人横穿马路等情况，小伟都忍不住骂两声，似乎这样可以减少一些内心的苦闷。

周二，有时候，小伟觉得周一可能是一个过渡时间，可是，到了周二，自己就必须面对现实和工作了。面临着繁重的工作，小伟感到焦头烂额，甚至，有时候还会牺牲午休时间来抓紧时间工作。

周三，每到周三，小伟都是冷着一张脸，陷入了情绪最低沉的一天。似乎，上个周末与女朋友一起玩乐的场景早在忙碌的工作中忘得一干二净，想到周末还有漫长的两天，小伟就感觉心瞬间沉入了底谷。

周四，或许，由于前几天的累积，这一天坏情绪达到了最巅峰，不仅工作效率很低，而且，感觉到十分疲惫。小伟感觉到几天以来积累的坏脾气，几乎都在这一天爆发了，如果在这一天受到了主管的责骂，小伟一点也不感觉奇怪，似乎每个人都喜欢在这一天发脾气。

周五，小伟觉得，对于自己来说，可能周五才是比较轻松的一天，想到周末马上就来了，工作效率也变得很高，心情变得十分轻松愉快，即使是面对同事的一句挖苦、玩笑，小伟也“大度”地不予计较。

周末，小伟通常的周末时间安排是：周六疯狂地玩一天，周日休息。可是，在周日，小伟的情绪又陷入了焦虑、烦躁中，想到下周的工作，心情越来越烦躁，甚至，周日晚上还会失眠。对此，小伟想大喊一声：“一周的时间，怎么就不能给自己一份好心情呢？”

小伟只是无数的上班族代表中的其中一个，在现代社会，越来越多的上班族意识到自己正在陷入“情绪周期”，在一周的时间内，他们的情绪变化与小伟的情绪变化没有两样。即使有时候，他们明白自己生气也不能解决任何问题，但在内心的压力下，他们就是忍不住，而且，情绪的时好时坏已经严重地影响到他们正常的生活和工作。对此，心理学家向我们支招，如何放松自己，缓解心理压力。

1. 周一综合征

越来越多的人开始陷入了“星期一综合征”，早上一起床，他们就感到了一种厌烦、懒惰、健忘、精力不集中的状态。据德国的相关调查，得出了这样一个结论：80%的人在周一起床后就会情绪低落。另外，许多公司习惯于将重要的决断和新的工作计划安排在星期一，这在一定程度上给上班族带来了巨大的压力感。对此，心理学家建议：想让自己不再抗拒上班，早起比较重要，因为紧张感和时间有密切的关系，早起可以有充裕的时间，这不仅能减少内心的焦虑感，而且，还能有时间去一份减压的早餐，比如一大杯鲜奶、鸡蛋、牛肉和香蕉等，这可以让人产生一种满足感和轻松感。

2. 有效的意象训练

对于许多人来说，周一可能还没有正式进入工作状态，但是，周二就令自己不得不面对现实。据最近的一项研究表示：周二上午10点是一周中工作压力的最大峰值，人们感觉到焦头烂额。而且，许多人在这一天会放弃午休时间，抓紧时间工作。对此，心理学家建议：在压力最大的时候，可以做一个意象训练，找一个比较安静的地方，闭上眼睛，做深呼吸，想象自己在坐电梯，慢慢开始数，这样可以有效地缓解心理上的压力，平复情绪。

3. 微笑

心理学家证实了人们这样一个猜想：周三是人们一周中的情绪最低点，也是人们接受信息最多，感觉负担最重的一天。那么，在这一天，最有效的缓解压力的办法就是微笑，想办法让自己笑，比如看看笑话、回忆过去美好的事情，等等。这些都能够帮助自己平复内心烦躁不安的情绪，调整心理，尽快回归到一种正常的情绪中。

4. “黎明前的黑暗”

有的将周四称为“黎明前的黑暗”，这一天不仅是工作效率最低的一天，同时，也是人们疲惫感最强、心情最烦躁的一天。似乎几天以来积累的坏脾气将要在这一天爆发，人们总是感觉什么都不对劲，环境特别杂乱，身边的人特别的烦，这一切都让人透不过气来。心理学家建议：为了驱赶黑暗，应该将灯光调到最亮，这会让人的心情变得平稳、快乐。

5. “周末上班焦虑症”

许多人在周末快要结束的时候，就开始陷入对下周工作的焦虑中，结果，越想越烦躁。对此，心理学家建议：可以给大脑设一个开关，该休息的时候就应该休息，该工作就要全力以赴，不要去想下周工作的事情。如果实在不放心，可以在周末拿出一个小时想想下周的工作计划，这样，焦虑的心就会平静下来。

减压启示：

一个人若是背着负担走路，那么，再平坦的路也会让他感到身心疲惫，最终，他会因为不堪生活的压力而走向不归路。但是，如果我们能平复心境，试着把那些沉重的负担当成一种习惯，用轻松、淡然的心态去看待问题，心境便会变得澄明，所有的压力便会缓解，那负担也许会便成一种精神上的享受。

燥热夏季，当心情绪中暑

现在，炎热的夏季就快要来临了，一个词语也越来越流行了，那就是人们口中常说的“情绪中暑”。什么叫情绪中暑呢？科学给予了这样的定义：当气温超过了35℃、日照超过12小时、湿度高于80%，气象条件对人体下丘脑的情绪调节中枢有着明显的影响，人们容易情绪失控，频繁发生摩擦或争执的现象，这被称为“情绪中暑”，或者叫“夏季情感障碍综合征”。随着天气越来越热，人们的脾气也越来越坏，常常因为一件小事就和他人发生口角；有了一点点响动，就变得神经紧张。心理学家说：“每年到了夏天，因为情绪中暑前来问诊的人就超过了上千人，因情绪中暑入院的市民约占各大医院门诊数的5%，因此，情绪中暑已经成为了夏季常见病之一。”对此，随着夏季高温的到来，我们应该警惕“情绪中暑”。

随着炎炎夏日的到来，似乎在一夜之间，所有的人都成为了争吵的导火索。天气炎热，让我们感到不适的，不仅仅是气温，还有我们那随着气温而不断恶劣的坏脾气。王先生最近几天比较闹心，那天，他开车去上班，行驶到半路就和一个面包车司机吵了一架，后来回忆这件事，王先生感到不可思议："当时，道路有点堵，本来我的心里已经很烦了，可后面那个面包车司机还一直按喇叭。"因为这一次吵架，紧接着，在这一天，他先后和5名不同车辆的司机发生争吵。晚上回到家，王先生觉得心里很委屈，对着沙发都是一顿暴打。事实上，在炎热夏季，像这样的事情简直举不胜举。

小曼是一家广告公司的设计师，这个周六，本来自己可以在家吹空调，好好休息一天的，可是，她却被告知临时去公司加班。

那天，天气十分炎热，小曼走到公司时已经满头大汗，刚刚坐下，就接到了客户打来公司的电话。正在小曼与客户进行沟通的时候，上司又打电话来，原来，客户与上司的意见有了分歧，小曼感觉自己就快爆炸了。心中涌起一阵无名火，当时，小曼莫名其妙地生气，脑子一片空白，怒气之下，小曼拿起了椅子就朝着电脑显示器砸，在场的同事们都惊呆了。后来，小曼向公司赔偿了600元，并向公司请了两天假，安心在家休息，调整情绪。

据统计，约有16%的人在夏季会发生"情绪中暑"。"情绪中暑"主要表现为：情绪烦躁，经常因为琐碎的小事情而对家人或朋友发火，自己也会感到心烦意乱，不能静下心来思考问题；情绪低落，对任何事情都厌倦了，觉得生活过得没劲，对身边的人缺乏热情；行为比较古怪，常常会固执地重复一些行为活动。

下面我们来做个小测试，看你是否情绪中暑，如果你符合下列情形中5种以上，那么，我们将怀着同情告诉你，你已经在"情绪中暑"的边缘了：

（1）无论事情大小都会浮想联翩，很久都不能释怀。

（2）想做一件事情的时候，却很难集中注意力。

（3）即使是他人的一句轻言细语，自己也会觉得十分嘈杂。

（4）做事时常感觉到茫然失措，决断困难，效率十分低下。

（5）对某些事物或环境感到十分害怕，极力逃避，同时，却又觉得自己的行为十分荒唐。

（6）即使是很小的一件事情，也会发很大的脾气。

（7）对什么事情都不感兴趣。

（8）面对未来，感到一片茫然。

（9）容易疲倦，感觉浑身无力，没有胃口，晚上经常失眠。

（10）心中反复出现许多念头，虽然知道这是多余的，但却难以自拔。

（11）时常感觉到头痛、腰痛、颈痛等身体的不适。

那么，如何应对情绪中暑呢？造成情绪中暑的原因，主要是人体对环境的适应能力差，因此，在炎热的夏季，我们应该尽可能增加休息时间，注意饮食的调正，增加营养。另外，最关键的就是自我调节，比如，调整休息时间，及时补充水分，多食用开胃的东西，这样都有利于调整自己的情绪。对此，心理学家给我们了如下的建议：

（1）多吃败火的食物。在日常的生活中，需要多食用清火的食物，多喝一些清水饮料，比如，新鲜蔬菜、水果、绿茶、啤酒、菊花露等。

（2）少外出。在炎热季节，没有特别的事情应该减少外出的次数。当然，在室内休息的话，需要保持室内通风，以散去人体周围的热气，从而减少空气污染，保持身心“凉快”。

（3）情绪转移。炎热夏季，如果遇到了不顺心或令人生气的事情，不要去理它，暂时冷静下来，听听音乐，或者做10分钟的“心情放松操”。

（4）养成良好的作息习惯。每天，养成早睡早起和午休的习惯，保持充足的睡眠，才有足够的精力来应付生活以及工作。

（5）保持乐观积极的心态。在平日的生活中，尽量保持平和、快乐的心态，以解热消暑、消除心中的疲劳。若是感觉心烦气躁，可以通过自己的发泄方式，比如大吃一顿、找朋友聊天等方式发泄心中的怨气。

减压启示：

一个人的情绪与外界有着极为密切的关系，尤其在夏天，一旦遇到了持续高温天气，人们就会受到这一环境的影响，相应地，其情绪也会发生变化。一般情况下，低温环境有利于人的情绪稳定，一旦气温上升的幅度比较大，人的情绪就会产生大的波动。这不仅给人带来身体上的不适应，还会对心理和情绪造成负面影响。

第12章 自我调节无效时：你可能需要心理医生

心理咨询早在20世纪30年代就出现在美国，目前已成为人们生活的重要组成部分。我国的心理咨询活动起步于20世纪80年代中期，在近二十年的时间里，已经被初步形成规模，并对人们身心健康的作用越来越大。面对压力，当自我调节无效时，你可能需要心理医生。

你了解心理咨询吗?

心理咨询，顾名思义，就是运用心理学的方法，对心理适应方面出现问题并企求解决问题的求询者提供心理援助的过程。通常需要解决问题并前来寻求帮助的人称之为来访者或咨客，提供帮助的咨询专家称之为咨询者。来访者就自己存在的心理不适或心理障碍，通过语言文字等交流媒介，向咨询者进行诉说、询问与商讨，在其帮助和支持下，通过共同的讨论找出引起心理问题的原因，分析问题的症结，从而寻求摆脱困境解决问题的条件和对策，便于恢复心理平衡、提高对环境的适应能力、增进身心健康。

这是一位心理学家的自述：

那天，一位貌似大学生样子的女孩走进了我的心理咨询室，刚一坐下，她就开始向我“控诉”：“前两天我正在准备一次重要的考试，可是，就在前天晚上，隔壁王阿姨带着一对双胞胎女儿来串门，我暗示王阿姨说，我明天要考试，需要安静的环境。但是，妈妈特别喜欢那对孩子，极力挽留王阿姨再玩一会儿，小孩子很顽皮，我本来想静下心来好好复习功课，结果她们在外面嘻嘻哈哈，我一点也看不进去，愤怒之余，内心感到一种委屈，不禁趴在桌上大哭了一场。这时，又想起之前的种种不顺利的事情，结果越哭越伤心，几乎是整个晚上都在哭，第二天感觉晕乎乎的，只得昏昏沉沉地去考试，当然，这次考试很不理想。”

我听完了她的讲述，明白了这是怎么回事，我慢慢帮助她解开生气的源头：“这样看来，你似乎挺喜欢生气的，从你刚才的讲述中，我可以知道，你其实有自己的房间，一开始，你也可以告诉两个孩子别闹，说这样会影响自己学习，这样就可以互不干扰了。后来，你在屋子里复习功课，其实，不知道你发现没有，真正扰乱你心绪的并不是小孩待在家里所发出的声音，而是你内心对于这件事一直耿耿于怀，由于你心里太在乎这件事情，只要意识到小孩的存在，就会感到心烦意乱，更不用说她们真正地来影响你了。”听了我的话，她点点头，说道：“嗯，我感到十分委屈，每次我遇到了重要的事情，总是被别人影响，这样，白白浪费了我的许多时间和精力。”

看着她那痛苦而又无奈的表情，我试着用理解的口吻说道：“你不要着急，其实，你应该清楚自己为什么总是那么容易生气，主要是你以前处理问题的方式不对。每个人的生活都不可能一帆风顺，总是会遇到这样或那样的麻烦，但是，如果这些问题没有得到及时解决，往往会产生较坏的影响。时间长了，在你心中就形成了这样一种思维定势：一旦遇上问题，就会采取消极的反应方式，诸如发脾气、生闷气等，于是，生气就成为了你固定的条件反应。其实，任何事情都是可以解决的，只要你积极地思考，遇到事情不要总是闹情绪或生气，你可以试着平静下来，或者向值得信任的朋友倾诉一番，这样，你的心里就会豁然开朗了。”当她走出我的心理咨询室的时候，我清楚地看见洋溢在她脸上的笑容。

综上所见，这就是心理咨询的过程。其实，任何人一生中都不可避免地遭遇各种各样的挫折和困难，在这些难题面前，人们常常会产生一些不良情绪，关键在于我们会以怎样的心态去解决这些面临的问题。也就是说，不管什么人，只要在心理方面出现了困惑或障碍，特别是产生精神刺激、心理创伤、人际矛盾的情况下，心理医生都可以帮助你走出阴霾，重获新生。

1. 心理咨询是协助你解决问题

通常当来访者遭受到一些现实问题困扰，因自己无法调节而前来寻求帮助，那帮助来访者解决问题的过程就是心理咨询。不过，这并非表示来访者只需要被动地等待，坐等咨询师给出解决问题的方法，或者直接依赖咨询师来解决问题。其实，心理咨询尤其强调不可能解决来访者的所有问题，特别是一些具体的问题，而是强调来访者的自助意愿和努力，肯定来访者有相当的自助资源和潜力，而咨询师充当的不过是助人的角色，并不能代替来访者。

2. 心理咨询师并非人生导师

通常心理咨询师都经过系统的心理咨询专业知识的学习和训练，而大多数求助者，对心理知识缺乏，很容易令人想到他们有能力来担当人生导师，负责为求助者规划人生、指点迷津。事实上，心理咨询师更像是朋友一般，通过聊天走入你的内心，剖析你的内心，找到心理问题的根源，从而一起帮助你克服心理疾病。

3. 心理咨询相当尊重来访者的意愿

在生活中，当我们面临困境，身边的亲朋好友会给予安慰、同情，从而提出建议或忠告，这种助人策略和行为往往有一定的效果。不过，在心理咨询过程中，诸如此类的行为是禁止的。尽管对于大部分的来访者，当他们遭受委屈时渴望得到理解和同情，但一些自尊心较强的来访者是根本不需要的，所以这时就需要尊重对方，将对方的意愿和需要放在重要位置。

4. 心理咨询并非心理治疗

心理咨询主要针对心理正常的人的心理不健康症状，心理适应与心理成长、发展问题，如人际关系、学习适应、就业择业、交友爱情等问题。提供心理咨询帮助者往往被称为心理咨询师；心理治疗主要针对心理不正常，具有心理障碍的人，包括情绪障碍、行为障碍、人格障碍、神经病等。心理治疗的提供者往往被称之为医生、治疗者，等等。

减压启示：

或许，有的人习惯性地认为心理问题可以自己解决，但事实上很多比较严重的心理问题并非是靠自己就能够调节的。尤其是随着现代化的工作和生活节奏越来越快，人们所面临的压力和困境越来越多，而心理咨询能够帮助人们挖掘心理潜力，提高自我认识，从而走出心理阴霾。

我需要心理咨询吗？

在发达的西方国家，走进心理咨询师寻求帮助是人们生活中的重要组成部分，记得有部电视剧有句这样的台词：“在曼哈顿，每个人都有自己的心理咨询师，连心理咨询师都有自己的心理咨询师。”而在中国，心理咨询还是一个相对新鲜的概念，许多人甚至对它有一些误解甚至偏见。但是，在现实生活中，有许多人都需要心理咨询师的帮助，只是当事人尚未明白而已。

心理咨询师认为，从广义上说，没有谁不需要心理咨询师的。通常人们可以在三种情况下向心理咨询师求助：一是产生心理困扰、出现心理危机时；二是在面临人生重要决定时，比如在选择爱人、选择工作时，毕竟每个人都有自己的盲点，这时需要受过专业训练的咨询师来帮助自己更清楚地认识自己；三是在有烦恼，而且这种烦恼不断涌现，自己却无法调适时，或者你总是在一个问题上陷入泥潭，那就应该求助。

一位喜欢抱怨的女孩走进了心理咨询室，她刚坐下，就向心理医生抱怨：“我十分痛苦，因为我发现，最亲密的人也不能包容我的脆弱。”心理医生好奇地询问：“比如在什么地方，他不会包容你。”女孩满脸苦恼：“我向他袒露自己的痛苦，他却一点都不理解，反而指责我，这令我非常痛苦，这样的爱情有什么意义呢，我真想分手。”心理医生继续问道：“你男友说了什么话，最让你印象深刻？”女孩子想了想，说道：“他说受不了我的抱怨，说我总是看到事情消极的一面，却对积极的一面视而不见。”心理医生问道：“那你知道你为什么喜欢抱怨吗？”女孩迟疑了一会儿，含糊地说：“因为我有个抱怨的妈妈。”

心理医生对女孩说：“那男友对你的抱怨的看法，像不像你对妈妈的抱怨的看法。”女孩点点头：“是的，从小到大，我饱受妈妈抱怨的折磨，但是，没有想到，我也像妈妈一样，成为了一个喜欢抱怨的女人。”心理医生安慰道：“那你再多说说对妈妈的抱怨的理解和感受吧。”女孩回答说：“第一感觉就是烦，然后就想逃跑。小时候，我一听到妈妈的抱怨，就想努力去改变，希望能够消除妈妈抱怨的根源，但是，即使事情有所改变，妈妈还是会抱怨。那时候，妈妈总是抱怨爸爸不给钱，但是，后来我发现，妈妈似乎从来不主动找爸爸要钱，当时，我实在难以理解，妈妈抱怨所追求的到底是什么，似乎只是在追求抱怨似的。”心理医生点点头：“你妈妈已经深陷抱怨的‘毒’中，而你现在的状况也很危险，再这样抱怨下去，抱怨会成为你的一种习惯，并不断地伤害那些跟你关系亲密的人。”女孩内心充满了忧虑，但是，却不知道该怎么办。心理医生向女孩建议：“正如你男友所说，试着去看到事情积极的一面，怀着一颗感恩的心，这样你就会慢慢改掉抱怨的坏习惯。”

通常正规的心理咨询一次需要50分钟左右的时间，这是一个短程咨询。有一些素质比较好的来访者，可能一次咨询就能够领悟了。假如有的人想追求自身进一步成长，那就会咨询3~5次即可。如果是较为严重的心理问题，那就需要20~30次的咨询才能解决问题。

1. 情绪不佳的状态持续3周

当一个人情绪低落，整日忧心忡忡，愁眉不展。严重时忧虑沮丧，唉声叹气，悲观，感到生活没有意思，甚至认为死是更好的解脱。同时自我感觉很差，无精打采，常常会感到一种罪恶感，偶尔还会出现自杀的念头，假如这样的情绪持续超过三周且没有缓解，那你就需要去看心理医生了。

2. 经常感到身体不适，却并非病理性

在生活中，许多人总感觉身体各种疼痛，但经过全身检查，却未曾发现有各种的病理性的疼痛，尽管四处求医，却是毫无结果，甚至连手术探察也一无所获。哪怕医生如何说没事，当事人并不相信，经常会感觉到焦虑和抑郁，这也需要及时去心理咨询。

3. 人际关系出现严重问题

人与人交往是普遍的内在需求，人际关系是社会关系的一个侧面，其外延很广，包括朋友关系、夫妻关系、亲子关系等。当你的人际关系出现了严重的问题，那就需要积极向心理咨询师咨询。

4. 觉得压力很大

在心理学上，很多压力多半是应激。通常有两种情况会产生应激反应：一方面是突如其来的重大的事件；另一方面是长时间生活、学习或工作的环境。当紧张刺激的强度超出个体的应付能力，就会引起生理反应，使人们感到痛苦、紧张或身体不适，这时也需要心理咨询。

5. 长时间失眠

如果你经常失眠，达到每周至少3天晚上失眠，这种状态一直持续3个月，而且表现得难以入睡、持续睡眠困难、过早或间歇性醒来而导致睡眠不足。这时就需要走进心理咨询室，向咨询师寻求帮助。

6. 遭遇重大挫折

当人们遭遇了生活得巨大挫折，诸如亲人离世、离婚、失业等，就会造成人们一系列应激反应，假如刺激强度超出个体的应付能力，便会引起一系列心理、生理反应，促使人们感到痛苦、紧张或身体不适，这时需要及时咨询。

减压启示：

就目前而言，很多人还不太了解心理行业，也不知道自己在什么情况下应该进行心理咨询或寻求心理医生的帮助。但是，当出现了上面的情况之后，不妨主动向心理咨询师咨询，否则你只会在痛苦中沉沦。

心理咨询前，你需要的建议

从理论上而言，对于来访者来说，当你敲开了咨询师的大门，你就没有什么必须要做的事情了。不过，考虑到咨询师可能并不是特别成熟，而且对于来访者而言，来做一次咨询的成本也相对而言较高，那么来访者准备充分，更有经验当然会有好的效果。比如，关于倾诉什么，说多少关于自己的故事，这也是需要准备的。许多来访者可能会一直讲自己的问题，如果咨询时间为50分钟，那他倾诉的时间就占据45分钟，假如这位心理咨询师不知道如何打断你，那最后他仅有五分钟的时间来帮助你，所以这是得不偿失的。

从前，有一位贫穷的农夫，他有一位非常富有的邻居，邻居有很大一个院子，有一栋非常漂亮的房子，还有一辆漂亮的马车。对此，农夫对邻居十分嫉妒，心想：他一个人住那么大的房子，可我呢？一家五口人拥挤在一个小草房里，上天真是太不公平了！每次遇到这位邻居，贫穷的农夫都会冷漠地走开，似乎这样一种姿态可以满足自己的自尊心。到了晚上，农夫就开始痛苦了，他翻来覆去就是睡不着，总想着自己能住上邻居那样的大房子，或者，他向上天祈祷，让那位富有的邻居变得像自己一样贫穷吧，不然，自己会被嫉妒之心气死的。

后来，村子里来了一位智者，据说，他能给那些痛苦的人指引道路，从而让他们过上快乐的日子。农夫觉得自己也应该去看看，来到那里，发现人们已经排了很长的队伍，而排在自己前面的不是别人，就是那位邻居。农夫感到很奇怪："这样一位富有的人也会感到痛苦吗？"过了半天，邻居进去了，农夫还在外面等着，可是，直到太阳下山，邻居还没有出来，农夫的嫉妒又开始了："上帝真是不公平，怎么智者就跟他说了这么多。"终于，邻居出来了，那位富人的脸上显露了从未有过的笑容。

农夫心中一动，急忙走了进去，智者说："你为何而痛苦啊？"农夫回答说："我总是看我那位邻居不顺眼。"智者微笑着说："这是嫉妒在作怪，你需要做的就是克制自己，想想自己所拥有的东西。"农夫十分生气："智者啊，你怎么也那么偏袒呢？给我的邻居那么多忠告，却只给我简单的两句话。"智者说："你一进来，我就猜到你是为什么而痛苦，贫穷所带来的嫉妒，可是，那位富人进来，我只看到他殷实的外在，看不到他精神的匮乏，详细询问了才知道他的症结所在。"农夫不解："他也会感到不快乐吗？"智者说："当然，虽然，他比你富有，房子比你大，但是，他只有一个人，而你呢？还有贤惠的妻子和可爱的孩子，现在，你想想，你所拥有的是不是他所缺乏的，这样一想，你就不会痛苦了。”听了智者的话，农夫心中释然了，他感到快乐的日子离自己不远了。

文中的智者就是现代心理咨询师的缩影，在他的引导下，来访者渐渐明白了自己的问题症结点。如果你想清楚，自己到底要倾诉些什么，那这里会给你一些建议：第一，烦恼什么，这也是通常人们所会倾诉的一部分；第二，就是这样的情况持续了多长时间，在这样的情况出现之前，有没有特别的事情发生，或者出现了什么情况；第三，自己的家庭背景是怎么样的，这样咨询师可以了解到你的成长经历和思维定势。如果你能简述自己的三个问题，那正好对方是一位有经验的咨询师，那他会较快地融入到与你的密切沟通中。

1. 充分利用咨询的1小时

咨询中的一个“咨询小时”一般只有50分钟，但是你可以通过提前十分钟到达来获得整个小时的体验。在这10分钟里喘口气，集中思想，为即将的咨询做准备。

2. 养成咨询的习惯

事实上，只有当你将在咨询中学到的应用到生活中去，咨询才可以达到最好的效果。在咨询过程中，你需要学会探索自己生活中的领域，或尝试一些不同的事情，这些对自己都是很有帮助的。

3. 学会写日记

当你在接受心理咨询的日子里，不妨通过写日记来反思自己的咨询，也可以随手记下自己每周对自己的观察。当然，并不需要特别正式的日记，只需要记录自己的想法和感受，而且你也可以把自己写的日记给咨询师看，一起协商分析自己的问题。

4. 先询问咨询费

在咨询开始时搞定所有关于费用、时间安排和保险相关的问题。没有什么比在一次深刻的情感突破之后，花三分钟写支票和看日历更让人尴尬的了。在咨询开始时就把这些搞定吧。

5. 坦言对咨询师的意见

假如你对自己和咨询师的关系有任何的想法，那就需要马上提出来，面对咨询师什么都是可以谈的，如你希望结束咨询，因为上次的咨询让自己很生气，你总害怕你的咨询师会影响你，或者你梦见咨询师等。

6. 主动做决定

很多人都希望咨询师给他们直接的建议，但心理咨询更重视授人以渔，而非授人以鱼。在长期上看，只有学会如何自己作决定才是对你最有帮助的，虽然短期的学习过程可能令你有点郁闷。

7. 自由表达思想

在咨询中，任何奇怪的想法都是可接受的。事实上，有时候想法越奇怪可能反而越好。突然有种冲动？某个记忆不停闪回？说出来。沉默是金在这里绝对不适用，自由地表达，你可能会了解一些有趣的事情。

减压启示：

美国著名心理学家罗杰斯说："心理咨询不是一件容易的事情，它是一个生命影响另一个生命的过程。"作为来访者，你是否准备好了来自另一个生命的影响呢？假如你已经准备好了，那就充分利用心理咨询来改变自我吧。

如何面对心理咨询师

一些有过心理咨询经历的人总抱怨："我有问题，需要心理咨询师的意见，不过他总是顾左右而言他""我有个烦恼，希望心理咨询师可以帮助我解决，不过这些讨厌的咨询师总是含糊其辞"。大部分来访者都是抱怨爱人、情人、同事、生活、工作，他们以为心理咨询师会对他的故事感兴趣。事实上，心理咨询师并非只用耳朵听，更用眼睛观察来访者的表情、情绪、无意识的动作，分析他们在如何说故事，哪些是她的解释，哪些是她的赋义。好的咨询师会激发来访者对自己的反思，让你从问题中看清自己，认清问题形成的过程和原因，渐渐修正自己对问题的看法与感觉。

小菲向心理咨询师讲述了自己的经历：

两年前，我刚刚大学毕业就进入了现在这家广告公司，在公关部门做客服工作。可能是因为我外表不错，口才也伶俐，很快就赢得了客户的青睐。没过多久，公司为了一笔大业务特别组建了一个团队，我虽然是新人，但一点也不胆怯，凭着自己的口才和良好的沟通能力，我荣幸地成为了那个团队中的一员。最后，在我们整个团队的努力之下，公司如愿签了订单，而我的能力也得到了有效提高。

当我再次回到原来的部门，上司更加看重我，自己的工作也越来越得心应手，不过，我感到许多同事却开始对我“敬而远之”。有一天，我让同事小李帮我整理客户的资料，谁知，粗心大意的小李竟弄错了，我不禁有点生气：“像你这样的工作态度，永远都别想成为老板，只不过让你帮个忙而已，你还偷懒，这事情要是被客户知道了，怎么看我们公司呢？”工作结束了，我去了洗手间，一会儿，同事们走了进来，她们议论纷纷：“小李，你帮她多少都好像是应该的，不帮她呢，她就对着空气抱怨不止，搞得大家都没有心情，帮完了，她又威风了，也不知道，她心里怎么有那么多怨气……”突然，一股委屈从心底涌出，在同事们的眼里，原来我只是个不懂感恩的“怨妇”吗？从小，我就习惯了“有求必应”，难道我把这样一种情绪带到了工作中来？

显而易见，当小菲正在讲述自己的经历的时候，心理咨询师也在观察着她的表情、行为等细微动作，以此判断她的心理症结。弗洛伊德说：“精神分析只能治好有精神分析头脑的人。”来访者才是咨询的主体，咨询师只是一种工具，只是提供一种环境——帮助你觉察与分析自己。如果你只是想倾诉，那可以拨打免费热线，毕竟心理咨询成功的关键是来访者的准备、内在成长的动力和咨询是否真正的投入。

1. 心理咨询确实有效

不管是心理知识的讲解还是进行心理障碍地针对性治疗，当有各种心理问题侵袭时一定要积极寻求治疗；那些曾经寻求帮助过的人，他们接受专业帮助的意愿会更高些，因此，早治疗早摆脱心理障碍的困扰。

2. 可先通过网络或是相关书籍，收集资料

借此可事先了解自已问题的严重程度及可能的治疗方式。同时了解需要支付的治疗费用。

3. 害怕我的情况不知如何启齿

心理咨询师团队的任何一位老师都经受过良好的培训，并有丰富的实战经验，会引导你把问题逐步说出来，因此不用担心我的问题怎么说出口。

4. 寻求适合自己问题的心理咨询师

心理咨询师咨询风格各异，所受训练也不尽相同，所以若过去你所找的心理医生未能提供满意的服务，你可考虑心理咨询师团队中你更认可、更匹配的心理咨询师进行心理治疗。

5. 勇敢踏出那一步

向专业心理咨询师求助，可以改变你的人生历程。因此，心理咨询师再次提醒各位有心理问题困扰的求助者，避免受制于传统思维模式而延误心理治疗。

6. 心情平静时去寻找心理咨询师

你是否渴望在心情特别糟糕的时候去见咨询师？事实上，这样做的效果未必好。因为波动的情绪定会影响你对事物的看法，判断缺乏客观性，且此时也不大可能听得进他人的建议。

7. 不要花过多时间去倾诉

倾诉不要占时过多，20分钟左右即可：倾诉是心理咨询所必须的，但注意不要纠缠细枝末节的问题。咨询师在了解你的一般情况之后，更关注你对问题的感受和看法，不会就事论事的给你一个结论。

8. 心理咨询是绝对安全的

在咨询室里，你是绝对安全的：对于你的个人隐私，咨询师会为你保密，这一点请你尽管放心。保密是对从业者的基本要求之一，是每个咨询

师必须遵守的行业信条。当然，前提条件是你所选择的心理咨询师是正规单位且取得相关资格证的专业人员。

9. 主动投入

通常成熟的心理咨询师会根据当事人的情形与自己的特长，考虑是否接受对方，并与他建立真正的咨询关系。一旦彼此形成咨询关系，来访者必须主动投入，不是等咨询师来做什么，而是来访者主动坦言自己的困惑与关系；假如不主动投入，那心理咨询师就只有等待，毕竟他只是被动的，从属的。

10. 注意与咨询师的关系

在咨询中，还有一个很重要的内容，就是与咨询师的关系。许多人在咨询的进程中对咨询师产生了意见，认为咨询师不够关心他，或者对咨询师有意见，但他们不敢说出来，怕得罪对方。这样一来，咨询就缺乏坦诚，咨询效果就要大打折扣。其实，这些感觉是非常重要的，应该随时让咨询师知道，以此来调整咨询关系和帮助咨询师发现当事人的移情。

11. 时刻分析和关注自己

一旦我们决定看心理咨询师，接受心理学的帮助，就要拥有心理学头脑，在生活的每时每刻都要保持努力觉察和分析自己、寻找不同的处理问题的方法、接受不一样的视觉。这些工作不仅是在咨询室里做，更重要是在生活中做。

减压启示：

当我们面对心理咨询师的时候，需要建议对方在新的方法和视觉下，同样的情景不同的内心体验和效果，这样才能与心理咨询师形成良好的互动。这就好比如果我们需要跋涉一段崎岖的山路，那就需要借助一根拐杖，让自己走得更稳当。当我们走得很稳健的时候，就随时可以扔掉那棍子，而心理咨询师所扮演的就是拐杖的角色。

如何寻找适合的心理咨询师

据美国《赫芬顿邮报》报道，在生活中，每个人都有充满压力、悲伤、痛苦和矛盾的时候，如果你的心理已经出现一些问题，但你自己难以排解，就应该考虑一下是否应该寻找心理咨询师了。心理学家指出，越早获得帮助，越容易解决问题，你所耗费的时间和精力也更少。然而，在许多人看来，去向心理咨询师咨询是耻辱，或许他们认为只有那些精神不正常的人才需要咨询，或者接受咨询就是软弱的表现。事实上，每个人在人生的不同阶段都可能遇到瓶颈，这时候找一位能懂你的人聊聊天，会更容易度过这段艰难的时光。那么，我们如何找到懂自己的那个人呢?

阿文是一位脾气暴躁，情绪容易激动的女孩子，由于她的脾气太坏，交往多年的男朋友也离开了她，朋友们都为她感到惋惜，而阿文自己也似乎感觉到了坏脾气的坏处。有一天，阿文走进了心理咨询室，向心理医生求教：“如何才能改掉我的坏脾气呢？”

心理医生没有说话，想了想，拿出了两个透明的玻璃瓶，然后分别装上了同样多的清水，随后，他又拿出了一些大小均匀的玻璃球，有白色的，有蓝色的。这时，心理医生对阿文说：“当你生气的时候，就把一颗蓝色的玻璃球放到左边的玻璃瓶中；当你克制住脾气的时候，就把一颗白色的玻璃球放进右边的玻璃瓶里，从现在开始，你应该学会理性控制自己的情绪。”

阿文一直照着心理医生的建议去做，过了一段时间，阿文带着两个玻璃瓶来到了心理咨询室。心理医生将玻璃瓶中的玻璃球捞了起来，阿文发现，那个放蓝色玻璃球的水变成了蓝色，心理医生趁机说：“你看，原来的清水投入到‘坏脾气’中，也被污染了，相同的道理，你的言行举止也会感染人，就像这个玻璃球一样，一定要控制自己的言行。”阿文点点头，脸上露出了温和的笑容。

当阿文再一次走进心理咨询室的时候，那瓶装着白色玻璃球的瓶子已经溢出了水。心理医生欣慰地笑了，慢慢地，阿文的坏脾气消失了，生活开始走入了正规，最近，她刚刚打电话给心理医生，在电话里，阿文抑制不住内心的激动告诉医生："我新交了一个男朋友，他很优秀。"生活对于阿文来说，似乎变得越来越美好了。

从来访者的角度而言，当自己需要帮助的时候，最好选择声誉好的专业机构。显而易见，有些心理机构和心理咨询师是不合格的，尽管他们有国家证书，也会充满热情地帮助你，不过从专业角度看，这种热情是他们在初期阶段所犯下的错误。

你需要心理咨询师吗?

如果在过去的一个月里，这一题所列症状从未出现，评 0分；出现 1~2 次，评 1分；出现 3次或 3次以上，评2分。

（1）想事干事时，不明原因地走神，脑子里想东想西，精神难以集中。

（2）翻来覆去睡不着，或恶梦不断，或频频醒来，以至于次日感到精力不足。

（3）看什么都不顺眼，烦躁，动辄发火。

（4）处于敏感紧张状态，惧怕并回避某人、某地、某物或某事。

（5）为自己的生活常规被扰乱而不高兴，总想恢复原状。对已做完的事，已想明白的问题，反复思考和检查，而自己又为这种反复而苦恼。

（6）身上有某种不适或疼痛，但医生查不出问题，而你仍不放心，总想着这件事。

（7）很烦恼，但不一定知道为何烦恼；干其他事常常不能分散对烦恼的注意，也就是说烦恼好像摆脱不了。

（8）情绪低落、心情沉重，整天不快乐，工作、学习、娱乐、生活都提不起精神和兴趣。

（9）易于疲乏，或无明显原因感到精力不足，体力不支。

（10）怕与人交往，厌恶人多，在他人面前无自信心，感到紧张或不自在。

（11）心情不好时就晕倒，控制不住情绪和行为，甚至突然说不出话、看不见东西、憋气、肌肉抽搐抖动等。

（12）觉得别人都不好，别人都不理解你，都在嘲笑你或和你作对，但事过之后能有所察觉，似乎自己太多疑和钻了牛角尖。

12题共得分在2分以下说明你心理健康；3～5分可能就有些问题了，有条件时应找一下心理咨询师；如在6分以上，就不要犹豫，赶快找个心理咨询师。

当我们在向心理咨询师求助前，需要多方打听，最好是通过已经接受过这个咨询师帮助的来访者了解。此外，你虽然是求助者，但并非是心理不健康，也不要把咨询师当神仙，因为成功地解决问题并非只需要咨询师的专业技术，更需要来访者的努力和积极配合。

那么，如何挑选适合自己的心理咨询师呢？

1. 主动挑选咨询师

心理咨询是一个人与人面对面交流的过程，从这个角度而言，如果我们不喜欢这位咨询师，那就不会倾心地讲述自己的故事了。尽管咨询的都是差不多的，不过心理咨询师也常常分为不同类型，有些说着互相之间听不懂的语言，用着大不相同的方法来帮助来访者。那么，我们在开始咨询之前，有必要、有权利选择自己的咨询师。

2. 选择自己信任的咨询师

在心理咨询过程中，咨询师才是最终促使治疗产生作用的工具。那就意味着来访者需要与咨询师建立一种信任的关系，这样才能毫无保留地呈现自己的所有，而咨询师会更加了解来访者，从而更有利于判断问题的根源。假如来访者最初就不信任这个咨询师，那你对其没有多大的信任，那咨询也不会产生太大的作用。

3. 尽量多了解整个咨询师

在咨询开始之前，我们需要尽可能多地了解这个咨询师，包括对方的年龄、性别、职业经历，对人和生活的态度，甚至外貌。在此之前，你可以浏览对方的微博、博客，接触对方相关的信息。因为你所接触的是这个人，至于他有什么样的影响力、拿过什么样的证书、有怎样的专业背景，那只是从其专业角度而言。当然，了解他详细的信息，并非打探对方的隐私。

4. 了解咨询的时间与频率

通常的咨询是每周例行见面一次，固定的时间地点，每次50~60分钟。当然，具体情况不一样时间和频率也是不一样的，对于来访者自身问题较为严重的，开始时一周两次见面，稳定后每周见一次，咨询结束之后可能会降低见面频率；若是家庭治疗，咨询师在咨询之前会主动告知时间为60~90分钟。当然，对于一些咨询师总是让你换地点，浪费了很多时间，最后却让你加钱，这是完全不负责任的心理咨询师，大可不必理会，或直接换掉。

5. 一两次咨询并不能解决问题

这并不是给咨询师找借口。因为：治疗不是给建议、讲道理、做理智的分析。这些你的政治老师都会做，你也千真万确不必花费这样的时间和金钱，来找人教育你。咨询真正开始发生作用的时候，是在你和咨询师之间，建立足够安全的咨访关系，你开始能够将自己打开，咨询师才有机会通过你们之间建立的关系，开始给你真正的陪伴、支持、疗愈。

6. 可主动提出结束咨询

好的咨询师会在适当的时候，开始和你谈论什么时候、如何结束治疗；他也会鼓励你，当你觉得想要停止治疗的时候，主动和他坦诚地谈论如何结束治疗。这时候不用担心被咨询师绑架，对方并非巫师，你完全可主动提出结束治疗。总之，和你的咨询师去坦诚地谈论你希望终止治疗的原因，治疗师会有机会给你进一步的、更适合你的求助建议。

7. 注意安全。

因为两人单独共处一室，安全问题，其实是双向的。假如咨询室不是设置在医院、学校、公共写字楼等地方的话，需要注意安全。对于来访者，例如你若觉得咨询室“锁门”不安全，你完全可以坦言希望只关门不要锁门。好的咨询师能够理解，若确实觉得人身不安全，马上离开，保护自己最重要。

减压启示：

你可以放弃不合适的咨询师，不过别放弃求助。因为就好像谈恋爱一样，无论咨询师多优秀，都会有不适合他的来访者。更何况咨询师的状态是鱼龙混杂，你可能会遇到不靠谱的咨询师，也可能遇到很优秀但并非适合自己的咨询师。不过，即便他不适合你，也不要放弃求助，你肯定会找到合适的心理咨询师。

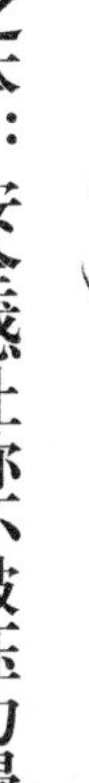

拥有立身之本：安全感让你不被压力侵袭

生活中，压力是不可避免的，每个人都无法躲过。既然如此，为了避免这些压力的侵扰，只有不断强大内心，充实自我，拥有立身之本，给予自己足够的安全感。当一个人拥有满满的强大的意志力以及满满的安全感，会令自己有足够的力量抵抗压力的围剿。

提升内涵，给予内心一种安全感

笛卡尔曾说："我思故我在。"一个真正有思想、有涵养的人，在任何时候都对自己充满了自信，无论说话做事，都有自己的想法和观点，绝不盲目行事；有涵养的人，不甘于平庸，对什么事情都能仔细分析思考，对新鲜的事物总是充满了好奇，但是却淡漠金钱与名利；有涵养的人，他非常清楚自己需要什么，不需要什么，应该追求什么，放弃什么，不强求任何东西，但也不会轻易放弃属于自己的东西。杨澜曾经给许多女孩的忠告就是"做一个有涵养的女人"，卡耐基也说"女人应该忠实于自己的内心"。一个有涵养的人，他在任何时候都是忠实于自己的内心，按照自己内心最真实的想法去说话做事，不需要太多的掩饰，不需要轻易地改变，如此，坚定不移地走下去，最终成为一个有品味的人。

作为一个有内涵的人，应该知道看什么样的书，说什么样的话，在哪些场合吃饭，有怎么样的情趣爱好。人因为有涵养，所以才有能力；因为有涵养，才有高雅的气质；因为有涵养，才有与众不同的品味。在交际场合，那些有涵养的人，总是能从众多庸脂俗粉中脱颖而出，成为最耀眼的"星星"。

王太太是总经理夫人，按理说，冠上如此的头衔，她应该是一个气势强大的女人。但熟悉她的人都夸奖她："一个很有涵养的女人。"如何做一个有涵养的女人呢？王太太细心解释："涵养就是一个人要有宽阔的胸怀，懂道理明事理，知进退。"在王太太家里的客厅、书房，摆满了许多她与先生的合影，王太太是一位很漂亮并有气质的女人，虽然已经快五十岁了，但看起来还是那么年轻，有女人味。这也难怪，连一向不擅长说好话的王先生，每每谈及自己太太的时候，也总是一大堆赞美的话语，看得出他们很恩爱。

说到王先生，王太太一脸幸福，她说：“他常对人说，我们之所以会如此恩爱，功劳应全归于我。”说完，还挺不好意思的笑了，有人好奇地问道：“你先生有那么多的异性朋友，甚至不是一般关系的朋友，难道你就不会生气吗？”王太太回答说：“我当然会生气，但我更会做人，我很会体贴人，从来不会为这些事情而大吵大闹，更不会对他有任何怀疑。我对他说，只要他对我尊重，不要做得太过分就行。因此，他外出游玩的时候，都会带上我，从不带其他的女人。”顿了顿，她继续说：“假如我经常对先生持怀疑的态度，不但自己会过得很辛苦，老得也很快，而且，这样，他会更加不顾及我的感受。”

再仔细打量王太太的家里，发现她不仅仅是一个有涵养的女人，还是一个有品味的女人。在客厅里，悬挂了几幅知名作家的山水画，家里到处都是裁剪得很漂亮的盆栽以及插花，王太太解释说：“这都是先生在工作的时候，我去看画展买下来的画，而且，还与几位画家成为了好朋友。这些盆栽和插花都是我自学的，平时在家没什么好打发的，就去学习了一些看似无用但却能够充实生活的东西。”

王太太为什么能保持得如此年轻，而其生活也过得十分有品味？这都跟一个女人的涵养有关系。一个人的涵养真的很重要，它可以体现出一个人的品味与美丽。试想，如果一个女人心胸狭窄，刁蛮任性，固执，时常无端地猜疑自己的另一半。这样一个女人只会把大把的时间用来猜疑，嫉妒，而不会有闲情逸致去学习插花和茶道了。当然，她也就不会成为一个有内涵的女人了。

那么，如何有效提升自己的内在涵养呢？

1. 多读书

书籍，可以使人增长知识和智慧，使生活充满阳光，同时，使人变得有思想。通过阅读有益的书籍，能净化人的灵魂。所以，喜欢读书、善于学习的人看起来是与众不同的，那种内涵是备受他人的欣赏与尊重的。

2. 学“宰相”，肚里能撑船

一个人要练就大的度量，即使生气也要懂得一笑而过，若是揪住一些小事情就斤斤计较，那别人只会觉得你不是一个有涵养的人，甚至，就连你的教养也会丢掉。而且，有了宽阔的胸怀，才会有闲情逸致去把弄自己那些高雅的情趣和爱好。

3. 穿着得体

不需要穿得花枝招展，如果你有内在的美丽，就没有必要过多地去注重自己的外表，如此，反而是画蛇添足。我们在选择衣服的时候，应精心挑选，慎重对待，根据自己的年纪、身材、职业特征去合理的搭配，这样才会给人眼前一亮的感觉。另外，有品味的衣服也会时刻提醒你注意自己的身份和仪表，不管遇到什么样的事情，都要保持冷静。

减压启示：

涵养，是可以通过一个人的仪容仪表展现出来的，而其品味也来源于内在的涵养。如何提升自己的内在涵养呢？对于我们来说，需要多学习一些各方面的知识，比如看书，或者看电影都可以充实一个人的思想、涵养。一个有涵养的人，有主见，有礼貌，知道哪些该说，哪些不该说，在适当的场合做适当的事情，这些都足以证明你是一个有涵养、有品味的人。

谦虚诚恳更容易使人保持平和情绪

在生活中，我们发现，那些言语谦虚诚恳的人性情温和，即使面对再大的压力也能坦然面对，他们在面对压力时也能很好地化压力为动力。而那些骄傲自满的人，总是处处抢风头，急于表现自己，结果反而是惹人讨厌。这是为什么呢？其实，谦虚诚恳可以打动对方，自然对方也就能够认同自己了，而后者太急于表现自己，反倒惹人厌。通常情况下，人们对于那些言辞谦虚诚恳的人总是怀有一种莫名的好感，会觉得其人品值得信赖，在交往过程中，就会对其产生好感，并且认同对方。而那些说话嚣张、不懂礼貌的人，往往给人一种骄傲的感觉，于是，人们在心理上就对其有了距离感，更别说要认同这个人了。

章老师是一所高校有名的教授。有一天，一位隔壁学校的同学来找章教授，要章教授做他校外的论文评阅人。因为当时规定，论文答辩时要请一个校外的专家来指导。

这位同学一进门，见章老师的屋里坐了好几位老师在商讨什么问题。他也搞不清哪位是章教授，张口就问："谁是章炳山呀？"章老师听到这个学生直呼自己的名字，脸色微微一变，几位老师也面面相觑。不过，章老师回答道："我就是，找我有什么事吗？"那位同学大大咧咧地说："噢，你就是章炳山呀，我可早就听说过你了，我是某某教授的学生，我的论文你就给我看一下！"章教授到底是有涵养的人，虽然看到这个学生说话太嚣张，也不过随口说道："那你就放那里吧！"

没想到，这名学生就把自己的论文往章老师的桌子上一扔，似乎在吩咐章老师："你快点看呀！后天我们要论文答辩，你可别耽误我的事！"章老师这么有涵养的人也忍受不了了，火气顿时上来，他对这位同学说："这位同学请留步。请问一下是谁找谁办事呀？你的论文拿走，我没有时间给你看！"

我们可以想象这位同学在准备论文的过程中，需要面对的麻烦事情会越来越多。一向很有涵养的章教授怎么会忍不住生气呢？原因在于那位同学表现太过嚣张，不谦虚，更别说诚恳了，在其话语中，透露出"目中无人、随意指使"的无礼行为。虽然急于想获得章老师的认同，但却不懂得适时"退步"，不仅得不到章老师的认同，反而惹老师生气。其实，无论是求人办事还是普通的交谈，我们都需要以谦虚诚恳的言辞来进行交谈，以退为进，赢得他人的认同。试想，如果那位同学说话能够谦虚一点、诚恳一点，那么，章教授一定不会为难他，反而会认同他，对其产生好感。

有位士兵骑马赶路，到黄昏了还找不到客栈，这时他看见前面来了位老农便高喊："喂，老头儿，离客栈还有多远？"老人回答："五里！"士兵策马飞奔十多里，仍不见人烟。"五里，五里"他猛地醒悟过来，"五里"不是"无礼"的谐音吗？于是他掉转马头赶回来亲热地叫了一声："老大爷"。话没说完，老农说："你已经错过路头，如不嫌弃，可到我家一住。"

刚开始的时候，士兵表现得太无礼，以至于老人不愿意搭理他，斥之"无礼"，后来，士兵为了获得帮助，适时退却，亲热地叫了一声"老大爷"没想到这一招真管用，老人一下子就改变了之前的态度，打心眼里认同了那位士兵，还发出了"到我家一住"的邀请。从这里不难看出，当我们在需要他人帮助或想赢得他人认同的时候，不宜过度表现，不宜锋芒毕露，而是适时退却，以谦虚诚恳的态度来获得他人的好感。

1. 谦逊的态度

大多数人都希望自己能得到他人的尊重，而你的谦逊将是对他人最大的尊重，即使你很有能力，但在他人面前应该表现得谦逊一点，这样，才能够很好地打动他人，获得他人的认同。

2. 礼貌的语言

在交谈中，我们要使用礼貌性的语言，有一些最常见的礼节语言惯用形式。比如，问候语"您好"，告别语"再见"，致谢语"谢谢"，致歉语"对不起"，回敬语"没关系""不要紧""不碍事"等等。

另外，养成使用敬语、谦词、雅语的习惯。我们常用的敬语"请"，第二人称"您"，代词"阁下""尊夫人"等；谦语是向人表示谦恭和自谦的一种语言，比如称自己为"愚"，称父亲为"家父"等；雅语是指一些比较文雅的语言，比如你端茶招待客人，应该说："请用茶。"

减压启示：

骄傲自满的情绪往往带来无比消极的结果，不仅自己会因此苦恼，而且还会惹怒身边的人。相反，如果保持谦虚诚恳的态度，会让人时刻铭记放低姿态，保持平和的情绪，即便遭遇重大的压力，也能够很好地应对，而且，如此的姿态可以很好地赢得身边人的青睐，所以更容易获得成功。

君子爱财，取之有道

从古至今，“财富”始终扮演着让人追捧的角色，拥有着一大群崇拜者，甚至有人甘愿拜倒在金钱的石榴裙下。当人们还在为财富而痴迷、深陷其中而不可自拔的时候，睿智的古人就提出了“君子爱财，取之有道”，以一种界限来表示这“财”是取抑或不取。如果没有正确的取舍之道，凡是见着财富就追捧，完全抛弃了良心、道义，那么，你只会在追逐财富的过程中失去更多。我们经常会遇到财富取舍之间的矛盾，即使那小利如绿豆芝麻，是取还是舍，孰取孰舍，取之是荣之耻，舍之是耻之荣，这里本该有个原则来界定“取舍”的范围。

当今社会，经济已经渗透到社会的每一个角落，因而也形成了“视金钱如粪土”者寥寥，“爱财”者攘攘。不可否认，爱财是人之本能，但善于取舍财富却是人生的智慧。当我们要舍弃的时候，就要斩钉截铁、毅然决然地舍弃，舍弃了就不要后悔而是以一种问心无愧的心态来面对；当我们要选取的时候，当然也是义无反顾、心安理得地选取，没有懊丧心理而是坦然自若。只有当你这样正确取舍之后，方能赢得自己的财富人生，在取舍博弈中获得财富。

在吉姆3岁的时候，他就懂得把手伸进糖罐里抓糖，每次抓到了糖，他都会兴奋不已。有一次，他把手伸进糖罐去抓糖，结果抓的糖太多，手没法从糖罐里拔出来，吉姆哭了。后来，他记住了，每次都会抓四五颗糖果，然后再抓一次，他认为只有舍弃了心中的贪念，才会获得比意料之外的更多。吉姆20岁的时候，到一家农场打工，农场主承诺完工后除了拿到工钱，每个人还可以领到一筐水果。分水果的时候地上摆了大小不同的几筐，吉姆尝试拿最大的一筐结果没有拿动，后来他去拿较小的一筐，拿动了，于是就搬走了这一筐。

吉姆58岁的时候，到一家公司工作，老板让员工们去收一笔30万元的贷款，老板告诉员工只要保证给他拿回20万元就行，多要回的钱将作为这名员工的奖励。之前的几个员工都没收回贷款，轮到吉姆去收贷款时，他对欠款的人说："只要你给我们21万元，债务就算两清了"，欠款的人真的给了他21万元，吉姆的老板很高兴，吉姆也得到了1万元奖金。

小时候，吉姆面对糖果的诱惑，想抓得更多但却连手都缩不回来了。所以，他渐渐明白了，当你毅然地舍弃了心中的贪念，命运反而会眷顾你更多的东西。于是，无论是20岁的吉姆面对农场主给的水果，还是58岁的吉姆收贷款，他都善于从取舍的博弈中成为最大的赢家。有了舍弃才有所获得，试想那么多的员工没有收回贷款，究其原因就在于他们想获得太多的财富了，而不善于舍弃，所以，最终他们一无所获，而吉姆懂得舍弃，他只要能够获得的财富，舍弃了心中的贪念，财富自然拥抱了吉姆。

可是，在当今这个经济社会，却有不少人受着金钱的诱惑而干出一些违法的勾当。在财富与道义面前，他们选择了财富，舍弃了道义，却给许多无辜的人们带来了无尽的伤害。其实，"君子爱财，取舍有道"，我们要坚决舍弃那些"不义之财"，选取正义的"财富"，这样才是真正的取舍有道。

1. 努力赚钱，但不做金钱的奴隶

每个人的生命是短暂的，一晃而逝，即便是努力赚钱，也是为了使自己能够快快乐乐地生活下去，追求幸福。赚钱的目的是为了生活得更幸福，如果太在意金钱的得失，为了金钱而丧失了快乐幸福的生活，金钱也就增加了本身的负荷。

2. 积极理财，但不要把钱看得太重

财富，从整体上来说，并不只是靠一点一点积累的，必须在储蓄的基础之上进行正确的理财，方能带来源源不断的财富。所以，学会积极理财，创造出越来越多的财富，但在同时，也不要把钱看得太重了。做金钱的主人，才会掌控财富，使财富变为己有。

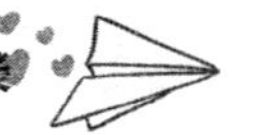

3. 公款诱惑，不可贪

欲望是一切罪恶的源泉。为什么那么多的官员、会计因为金钱而走向了人生的深渊？最根本的原因就是舍弃不了心中的贪念。贪念本身就是没有任何节制的索取，当一次被满足了，就有第二次，紧接着就有很多次，所以，许多深埋在铁屋子的人都会不断地忏悔“关键是要把握住自己的第一次，有一次就会有两次，从而一发不可收拾，最终走向深渊”。

减压启示：

对财富的取舍之道，还在于你所获取的财富要有“道”，即求个心安理得，绝不是舍弃了良心、仁义而获得的财富，这样的财富就被称之为“不义之财”，最终你也会为你的行为付出惨重的代价。

学会欣赏自己，自信能为你减压

子曰：“不患人之不知己，而患人之不己知。”对于一个人来说，最担心的事情就是自己不够了解自己，更为关键的是，不懂得欣赏和肯定自己，因为有时候那些莫名其妙的压力其实是源于内心的自卑。内心自卑，却又追求完美的人习惯了对自己的挑剔，总是觉得自己这里不满意，那里不如意，而那些他们所挑剔的地方都可以成为他们备受压力困扰的理由。他们常常会自言自语：“如果我再瘦一点就好了”要是我的皮肤再白一点就完美了”。然而，生活哪里会有“如果”，最终，他们的心理会陷入一个反复的过程：在欣赏自己的同时，否定自我，最终将自己否定得一无是处。对此，我们更需要学会欣赏自己，相信自己，因为自信的人是能够坦然面对压力的。

林黛玉刚刚进荣国府的时候，对她就有一句评语：“心较比干多一窍。”后来，林黛玉看到史湘云挂了金麒麟，宝玉最近也得到了一个金麒麟，林黛玉便开始生气：“便恐就此生隙，同史湘云也做出那些风流佳事来。”于是，林黛玉便去偷听，结果却听到了宝玉厌烦史湘云劝他留心仕途经济的话，宝玉说：“林妹妹不说这样的混帐话，若说这话，我也和她生分了。”黛玉听到这样的话，心中不觉又惊又喜，又悲又叹：“所喜者，果然眼力不错，素日认他是个知己。所惊者，他在人前一片私心称扬于我，其亲热厚密，竟不避嫌疑。所叹者，你既为我之知己，自然我亦可为你之知己，既你我为知己，则何必有金玉之论哉；既有金玉之说，亦该你我有之，则又何必来一宝钗哉！所悲者，父母早逝，虽有刻骨铭心之言，无人为我主张。况近日每觉神思恍惚，病已渐成，医者更云气弱血亏，恐致劳怯之症，你我虽为知己，但恐自不能久持；你纵为我知己，奈我薄命何！”

有一次看戏，大家都看出那个演小旦的有点像林黛玉，只是都不肯说，史湘云却是快人快语，一下子就说了出来，林黛玉感觉到自己受辱了，马上就生气了。怕黛玉生气，宝玉使眼色给史湘云，本来宝玉是一片好意，黛玉却是更加生气。

后来，黛玉说起宝琴来，想到自己没有姊妹，不免心中怨气，又哭了，宝玉忙劝道：“你又自寻烦恼了，你瞧瞧，今年比去年越发瘦了，你还不保养，每天好好的，你必是自寻烦恼，哭一会，才算完了这一天的事。”黛玉拭泪道：“近来我只觉得心酸，眼泪却好像比旧年少了些的，心里只管酸痛，眼泪却不多。”宝玉说道：“这是你平时哭惯了心里疑的，岂有眼泪会少的！”

林黛玉自己也明白，自己的病是因性情所起，但是，她却没有为之做出改变，真是令人叹息。虽然，林黛玉各方面条件都不差，但是，父母都已经不在人世，自己又寄人篱下，心中未免有点自卑，这成为了其怨气的根源。在林黛玉身上所体现出来的特点是：既才华出众，却又多疑多惧，甚是自卑。很多时候，她不懂得欣赏自己，自然就没有办法快乐起来，越是跟自己较真，压力也就越来越重。

有一个衣衫不整、蓬头垢面的女孩，她长得很美，不过，总是表现得满脸怒气。有人跟她聊天，她也显得心不在焉，聊天的人都沉默了。有一天，一位心理学家惊讶地告诉她：“孩子，你难道不知道你是一个非常漂亮、非常好的姑娘吗？”

“您说什么？”姑娘有些不相信地看着对方，美丽的大眼睛里有泪，更多的是惊喜。原来，在生活中，她每天所面对的都是同学的嘲笑、母亲的责骂，在这样的过程中，她已经失去了自信，而自卑则成为了她斗气的根源。

心理学教授威廉·詹姆斯说：“世界精神太忙碌于现实，太驰骛于外界，而不遑回到内心，转回自身，以徜徉自怡于自己原有的家园中。”世界上没有两个完全相同的人，每个人都是作为独立的个体，在我们身上有许多与众不同的甚至优于别人的地方，这是每一个人值得骄傲的地方。我们完全有理由肯定并欣赏自己，这会有效地提升我们的自信，同时，也会彻底清除内心的怒气和怨气，从此不再自卑。

1. 善待自己，给自己自信

活着，我们就要学会善待自己，在失意时鼓励自己，在得意时勉励自己。在漫漫人生旅途中，我们无法避免偶尔的挫折与困难，但是，不管我们将受到什么样的打击，即使我们正在经历着痛苦、难堪，我们都不应该忽视了自己的价值，不要觉得自己一无是处，也不要妄自菲薄。以一份崇高的使命感，展现出自己的人生价值。

2. 不要自卑，学会接纳自己

每个人都有属于自己的独特价值，我们应该接纳自己。而且，自身价值的大小并不在于他人的评价，而是在于我们给自己的定价。一个人的价值是绝对的，坚持自己，重视自己的价值，给自己成长的空间，每个人都会成为“无价之宝”，我们将告别平庸的人生。

减压启示：

有这样一句话：“人活着，或许有不少人值得欣赏，但你最应该欣赏的应该是你自己。”不管我们自己身上有着多么独特的缺点，都不要自卑，更不要嫌弃它，我们应该变得自信起来，以一种欣赏的眼光来看待，因为这个世界更需要一份独特的美丽。

人若无欲品自高

第一次世界大战期间，私人医生告诉法国前总理克里蒙梭：“阁下，您必须珍重自己的身体，因为您抽的烟太多了。”克里蒙梭听从了医生的劝告，他开始戒烟，但是，他依然在桌子上放着雪茄盒，而且，盒子总是打开着。有一次，朋友看见了，挖苦克里蒙梭：“听说阁下已经戒烟了，看来，你老毛病又犯了。”克里蒙梭回答说：“胜利的喜悦必须经过艰苦的战役才能获得，将雪茄烟放在眼前，我当然会受到无法忍受的欲望的驱使，但只要忍耐下去，就会获得胜利，就能做超越自己能力的事。”

其实，人生何尝不是一场战役呢？很多时候，我们并不是被他人打败的，而是被自己打败的，因为在这场战役中，我们会经不起各种欲望的诱惑。战胜自己，放下心中的欲望，无欲无求，我们才能赢得真正的胜利。

利奥·罗斯顿是一名肥胖的明星，他的腰围达到了6. 2英尺，体重更是惊人，重约385磅。在一次演出之后，罗斯顿被送往了汤普森急救中心，当时，医院动用了最好的药，最好的设备，但是，依然没能够挽回罗斯顿的生命。在临终前，罗斯顿绝望地说：“你的身躯如此庞大，但你的生命需要的仅仅是一颗心脏。”当时，在场的哈登院长被深深地触动了，作为胸外科专家，他流下了眼泪。为了表达对罗斯顿的敬意，同时，为了提醒那些体重超常的人，哈登院长将这句话刻在了医院的大楼上。

很多年过去了，石油大亨默尔也因为心力衰竭而住进了医院，当时，他的公司陷入了危机，为了摆脱困境，默尔不停地来往于欧亚美之间，最后，导致旧病复发。为了在医院继续工作，默尔包下了汤普森医院的一层楼，在此架设了五部电话和两部传真机。默尔的手术相当成功，他在汤普森医院住了一个月就出院了。不过，默尔并没有回到自己的石油公司，而是选择了回乡下。后来，有记者不解地问默尔：“为什么卖掉自己的公司？”默尔说了一句：“利奥·罗斯顿。”后来，记者在默尔的传记中发现了其中的端倪，默尔说了这样一句话：“富裕和肥胖没什么两样，都不过是获得了超过自己需要的东西罢了。”

诺贝尔说：“金钱这种东西，只要能解决个人的生活就行，若是过多了，它会成为遏制人类才能的祸害。”波斯国王曾写信给赫利克利特：“希望享受你的教导和希腊文化，请你尽快到我的宫殿里来见我，在我的宫殿里，保你一切方便自如，生活富足。”赫利克利特拒绝了波斯国王的邀请，他这样回答说：“因为我有一种对显赫的恐惧，我满足于我的心灵所有渺小的东西，我不能到波斯去。”

在现实生活中，我们常常被心中的欲求所困扰，可能是财富，可能是显赫的地位，如果自己的一生被这些所包裹、所埋没，那么，自己也会变得烦闷起来。反之，放下心中的欲求，满足于一种普通、平淡的生活，才是一种超脱名利之缰的幸福。

他一无所有，一家人住在狭小的房子里，过着拮据的生活。可是，突然有一天，他买彩票中奖了，一下子中了500万元，有了房子、车子，有了身边的人所没有的一切。许多亲朋好友听说他中奖了，就纷纷跑到他家来哭穷借钱，如果他婉言拒绝，亲朋好友就会指着他的鼻子骂“见利忘义”。终于有一天，他无法承受这样的痛苦，全家背井离乡到另一个完全陌生的地方，开始重新生活。

后来的日子里，虽然没有亲朋好友来借钱的烦恼，但他却要一切从零开始。看着剩下的大部分资金，他开始犯愁了。该如何来投资呢？是存银行坐吃山空，还是用来投资股票、期货？放在家里万一被偷了怎么办？万一邻居发现自己是百万富翁怎么办？如果投资亏损了怎么办？放在银行贬值了怎么办？他整天为这些问题烦恼着，每一天，他不敢过得太张扬了，只是过着普通的日子，像从前那样普通，但是却每天都提心吊胆，担忧自己的富裕在别人面前显露了。这个中奖的人在临死前，想起了以前没有钱的日子，虽然普通简单，却是人生中最幸福的日子。现在有钱了，大半辈子都活在担惊受怕中，最后在痛苦里郁郁而终。

欲望，既可以成就一个伟大的人物，也可以毁掉人的一切。佛家崇尚“得大自在”的境界，一个人如果真的能做到“无欲无求”，那么，他就达到了佛家的境界。现代社会，对于人们来说，生存似乎永远摆在第一位，于是，他们生活的全部是争名逐利、利欲熏心，最终感到“欲壑难填”。

1. 无欲无求则无压力

佛说：“无爱则无恨，无欲则无求，无怒则无敌，无怨才是佛，所有的烦恼不过都是放不下的执着。”在现实生活中，我们常常对这个世界有太多的奢求，自己没有的总是想得到，自己得到了还在期望得到更多，最后，我们索求得越多，自己所得到的反而越少，心中的压力也更多。其实，一个人若是怀着一种无欲无求的心态，就不会为物质所累，也不会感到压力了。

2. 烦恼来自于内心的诉求太多

人们总是时常抱怨：“为什么生活中总是有那么多的烦恼呢？”烦恼，它从何处而来呢？烦由心生，存在于人世间的烦恼不过是因为内心的诉求，因为放不下，舍不得放弃，所以，才会心生怨气。所以，试着放下心中万般的诉求，做到无欲无求，我们就能够摆脱烦恼的笼子。

减压启示：

其实，对每一个人来说，生命所需要的不过是适当的营养，营养过多反而会扼杀了生命。内心的欲望并没有什么独特之处，都不过是超过自己真正需要的东西，所以，放下心中的欲求，放下万般牵挂，努力调整心态，真正做到无欲无求，自然不会有压力。

直面苦难，人生没有过不去的坎

当生活的困难从天而降的时候，人们总会有两种截然不同的心态：有的人感觉到天都塌下来了，什么都完了，他总是与困难较劲，除了抱怨还是抱怨，似乎他的整个生活都已经被不幸吞噬了；而有的人则保持乐观的心态，他们甚至会将那些灾难和不幸当作朋友，最后，他们就真的在磨难中有所得，从而赢得人生的一笔宝贵财富。我们可以清楚地看见，前者是拥有消极心态的人，在困难面前，他只会较劲、抱怨；后者是拥有乐观积极心态的人，他总是将生活中的困难当朋友一样看待，若是朋友，又怎么会担心给自己的生活带来不幸呢？

成功的人生必然要接受困难的洗礼。当我们无法回避困难的存在时，要学会与困难成为朋友。人生旅途道路曲折，有高就有低，有起就有落，困难是客观存在的，如果我们想从困难中挖掘点什么，那就要学会跟它成为朋友。

格哈德·施罗德出生在一个工人家庭，小时候，父亲在远征苏联的战争中牺牲，施罗德兄妹五人与母亲相依为命。有一段时间里，他们住在一个临时搭建的收容所里，尽管母亲每天工作长达14个小时，但仍然不能满足家里的开支。年仅6岁的施罗德总是安慰母亲："别着急，妈妈，总有一天我会开着奔驰来接你的。"

逐渐长大的施罗德进了一家瓷器店当学徒，后来又在一家零售店当学徒，在1963年施罗德加入了民主党。在之后的10年里，他读完了夜校和中学，后来到格丁根通过上夜大来攻读法律。大学毕业后，他获得了律师资格证，成为了一名律师，不久之后，他当选为社民党格廷根地区青年社会主义者联合会主席。在以后的日子里，施罗德一直活跃于德国政坛，46岁那年，施罗德再次竞选成功，成为萨克森州州长，就是在这一年，施罗德实现了儿时的愿望，开着银灰色奔驰轿车将母亲接走了。也许，是儿时的苦难记忆，施罗德在人生的道路上丝毫不敢懈怠，8年之后，施罗德一举击败连续执政16年之久的科尔，当选为德国新总理。

童年时期的施罗德曾在杂货铺里当学徒，那时他常说的一句话是："我一定要从这里走出去！"他成功了，而且，比自己想象中走得更远。即使，在成功的路上伴随着困难，但是，施罗德从来没有把困难当成一回事，儿时的记忆让他明白：自己必须与那些客观存在的困难成为朋友，这样自己才能走得更远。

1. 战胜困难，就一定能成功

有人说，人生是由幸福和痛苦组成的一串珍珠。谁也无法回避四季的风雨冰霜。困难只能使成功者受到历练，除此不会有任何伤害。要有一种战胜困难的信心和勇气，锻炼人的品质，磨砺人的意志，激发人的潜能，增长人的才干，显露人的本色。在生活中，只要我们有信心战胜困难，那就一定能拥抱成功。

2. 别和困难较劲

当困难降临，如果我们总是与困难较劲，不断地抱怨生活的不公平，这样做有什么意义呢？不仅解决不了困难的问题，反而会让自己的心情变得更糟糕。在困难面前，如果暂时不能战胜它，就先跟它成为朋友，了解它，这样才能寻找出解决的办法。

减压启示：

拿破仑说："人与人之间只有很小的差异，但是这种很小的差异却可以造成巨大的差异。很小的差异即积极的心态还是消极的心态，巨大的差异就是成功和失败。"所以，当生活遭遇不幸，别和困难较劲，而是让困难成为你的朋友，直面苦难，人生没有过不去的坎，只要你抱着这样的心态，就一定能战胜艰难困苦，最终走向成功。

第14章

不贪婪不强求：压力因放下欲望而弥消

许多人压力太大，往往是因为内心太贪婪，对于明明不属于自己的东西强求。即便不能完全放下，至少也应该懂得知足，生活中学会一切随缘，不要让心中的贪欲过度膨胀。降低贪心、减少欲望，以平常心来面对一切，如此才能活得自在。

对利益的过度追求，会令你坠入深渊

“天下熙熙，皆为利来；天下攘攘，皆为利往”，从古至今，“利益”始终扮演着让人追捧的角色，它拥有一大群崇拜者，人们甘愿拜倒在金钱的石榴裙下。于是，在利益的诱惑下，人们为财富而痴迷、深陷其中而不能自拔。孟子说：“鱼我所欲也，熊掌亦我所欲也，二者不可兼得，舍鱼而取熊掌者也。”可以说，对利益最大化的追求是人类乃至所有生命与生俱来的本能和欲望。在欲望的驱使下，人们为了追逐利益，甚至会失去良心，道义，那些被利益熏心的人并未意识到自己在追逐利益的过程中会失去更多的东西。利是一把双刃剑，当你对它越是渴求，它给你带来的伤害将会越大。当今社会，经济已经渗透到社会的每一个角落，因而也形成了“视金钱如粪土”者寥寥，“爱财”者攘攘。

杨小姐是某省某商学院原会计，却因贪污罪、挪用公款罪被该市中级法院判处有期徒刑十八年，本来一个能干聪明的会计，现在却只能在女子监狱服刑。回忆起当初一步一步走向深渊，杨小姐自己也觉得唏嘘不已。

大学毕业后，杨小姐就被商学院聘用为会计，之后，她认识了现在的丈夫，开始了幸福的家庭生活。正当她的人生道路一帆风顺时，有一天，下海经商的丈夫提议杨小姐帮他筹措一笔资金，短期内周转一下，并暗示可以挪用公款。当时，杨小姐虽然表面上严词拒绝了，但内心展开了激烈的思想斗争。借，党纪国法不容；不借，丈夫有困难自己岂能袖手旁观？正当杨小姐犹豫不决时，丈夫又一次言词恳切地提出了相同的要求，并信誓旦旦地保证，一星期内肯定还款。她开始动摇了，正是这第一次，使她迈进了泥潭，难以自拔。一个星期在焦虑不安中过去了，可丈夫还款的诺言变成了“明日歌”。杨小姐每日心惊胆战，上班怕同事、领导发现自己

挪用公款的事实，下班怕听到丈夫无款可还的回答。丈夫投资失败了，那挪用的公款也亏损得一干二净。

这个时候，杨小姐已经在心惊胆战中丧失了理智，竟然又一次听信丈夫再借一笔款项一定还的保证。结果第二笔款与第一笔一样，也是泥牛入海，踪影全无。为了还钱，杨小姐决定再次铤而走险，挪用公款30万元，企图投入股市赚钱，结果损失惨重。为了逃避，她离开当地，试图外出寻找机会赚钱。但是，正所谓“天网恢恢，疏而不漏”，不久，杨小姐就落入了法网。

本是干着一份让别人羡慕的工作，但杨小姐却因为对利益的渴求以及目无法纪的行为而毁掉了自己的一生。庞大的公款对于每一个人来说，都是一种致命的诱惑，因此有很多人克制不了自己的欲望，掉下了深渊。

震惊全国的三鹿毒奶粉案，奶商明明知三聚氰胺有毒，仍以此为原料，研制出专供在原奶中添加的含三聚氰胺的混合物，累计生产775. 6吨，销售600多吨，销售额683. 2万元。正定金河奶源基地负责人也是在明知三聚氰胺对人体有害，仍先后将400多公斤的三聚氰胺粉直接加入牛奶中销售，销售金额约280万元。导致全国29万多名婴幼儿患肾结石及6人死亡。两名奶商被河北石家庄中级人民法院分别以危害公共安全罪及产销有毒食品罪，判处死刑。

《礼记·大学》：“生财有大道：生之者众，食之者寡，为之者疾，用之者舒，则财恒足矣。”这告诉我们生财也要有道，这才是真正的取舍之道。生财有道应该以人为本，应该极力地克制自己内心深处的贪欲，克制自己对利益的过度渴求。

1. 利是一把双刃剑·

利益从来都是一把双刃剑，当我们在享受利益带来的优越生活的同时，我们都没意识到自己的一只脚已经开始踏入沼泽了，你越是挣扎，陷得越深，这就是利益带给我们的双重礼物。在生活中，我们要正确看待利益，对利益，追求应有度。当然，我们不可能说完全不追求利益，毕竟我们自己的生活也需要得到最基本的保障。

2. 追逐利益，以“人性”出发

在当今社会，任何财富的取得都要以“人性”出发，坚决不以私人利益而谋取“损人”的财富，不要由于对财富的过度追逐而丧失了基本的人性。面对财富，只有你做到了取舍有道，方才会赢得财源滚滚而来。

减压启示：

面对利益，如果你抱着一种平常心来对待，决然舍弃那些不属于你的财富，也许命运的眷顾就会让你获得更多的利益；假如你以一种贪婪的欲望，总是千方百计地想获得那些诱人的财富，越是渴求，那么你越是什么都得不到，或者会让你失去更多的财富，甚至最后你还会被利益的剑刃所伤。

减少对名利的贪恋，寻求内心的淡然

人生之名利如猛兽，生不带来死也带不走，看透说不透才是真正的智者。佛家说：“打透生死关，生来也罢，死来也罢，参破名利场，得了也好，失了也好。”名利，说白了，不过是身外之物。一个人呱呱坠地到成长过程中，越是长大，他追逐名利的思想就越来越厉害。从古至今，人们无时无刻不在为名利而追逐，尔虞我诈，不惜血本，有的甚至以牺牲生命为代价，有的人为了一时既得的利益，竟然违背自己的良心，这种对名利的追逐其实就是一种人生的痛苦与悲哀。佛家说，假如真的能看透生与死，那也就看透了人们的生死虚妄。

于连出生在小城维立叶尔郊区的一个锯木厂主家庭，从小身体瘦弱，在家中被看成是“不会挣钱”的不中用的人，经常遭到父兄的打骂和奚落。卑贱的出生使他常常受到社会的歧视，对此，从小他就聪明好学，在一位拿破仑时代老军医的影响下，崇拜拿破仑，幻想着通过“入军界、穿军装、走一条红”的道路来建功立业、飞黄腾达。

在14岁时，于连想借助革命建功立业的幻想破灭了。这时他不得不选择“黑”的道路，幻想进入修道院，穿起教士黑袍，希望自己成为一名“年俸10万法郎的大主教”。18岁，于连到了市长家中担任家庭教师，而市长只将他看成是拿工钱的奴仆。在名利的诱惑下，他开始接触市长夫人，并成为了市长夫人的情人。

后来，与市长夫人的关系暴露之后，他进入了贝尚松神学院，投奔了院长，当上了神学院的讲师。后因教会内部的派系斗争，彼拉院长被排挤出神学院，于连只得随彼拉来巴黎，当上了极端保皇党领袖木尔侯爵的私人秘书。他因沉静、聪明和善于谄媚，得到了木尔侯爵的器重，以渊博的学识与优雅的气质，又赢得了侯爵女儿玛蒂尔小姐的羡慕，尽管不爱玛蒂尔，但他为了抓住这块实现野心的跳板，竟使用诡计占有了她。得知女儿已经怀孕后，侯爵不得不同意这门婚事。于连为此获得一个骑士称号，一份田产和一个骠骑兵中尉的军衔。于连通过虚伪的手段获得了暂时的成功。但是，尽管他为了跻身上层社会用尽心机，不择手段，然而最终功亏一篑，付出了生命的代价。

有人说，于连身上有着两面性的性格特征。于连最后在狱中也承认自己的身上实际有两个我：一个我是“追逐耀眼的东西”，另一个我则表现出“质朴的品质”。在追逐名利的过程中，真实的于连与虚伪的于连互相争斗，当然，他本人内心也是异常痛苦的。最终，因不断地追求名利，让自己心力交瘁。

陶渊明是东晋后期的大诗人、文学家，他的曾祖父陶侃是赫赫有名的东晋大司马、开国功臣；祖父陶茂、父亲陶逸都作过太守。但到了东晋末年，朝政日益腐败，官场黑暗。

陶渊明生性淡泊，在家境贫困、入不敷出的情况下仍然坚持读书作诗。他关心百姓疾苦，怀着“大济苍生”的愿望，出任江州祭酒。由于看不惯官场上的那一套恶劣作风，不久就辞职回家了，随后州里又来召他作主簿，他也辞谢了。后来，他陆续做过一些小官，但由于淡泊功名，为官清正，不愿与腐败官场同流合污，而过着时隐时仕的生活。

陶渊明最后一次做官已过“不惑之年”，陶渊明在朋友的劝说下，再次出任彭泽县令。到任八十一天，碰到浔阳郡派遣督邮来检查公务，浔阳郡的督邮刘云，以凶狠贪婪远近闻名，每年两次以巡视为名向辖县索要贿赂，每次都是满载而归，否则栽赃陷害。县吏说：“当束带迎之。”就是应当穿戴整齐、备好礼品、恭恭敬敬地去迎接督邮。陶渊明叹道：“我岂能为五斗米向乡里小儿折腰。”意思是我怎能为了县令的五斗薪俸，就低声下气去向这些小人贿赂献殷勤。说完，挂冠而去，辞职归乡。此后，他一面读书为文，一面躬耕陇亩。

正所谓“一语天然万古新，豪华落尽见真淳。”陶渊明不为“五斗米折腰”的气节，更是不断鼓励着后代人要以天下苍生为重，以节义贞操为重，不趋炎附势，保持善良纯真的本性，不为世上任何名利浮华所改变。

1. 克制自己对名利的欲望

人们对来自他人的奴役，都能够保持高度的警惕，而对来自自身欲望的奴役，往往很多人不能保持足够的警惕。因为对名利的追逐，使得我们的人生就好像一场战争。不断地追名逐利，结果自己一辈子将深陷名利的旋涡中而痛苦。

2. 不要渴求名利带来的优越感

在每个人的内心深处，他们对名利都有着一定的渴求。很多时候，一旦自己对名利的渴求得不到回应，人们便会灰心丧气，觉得人生无望了。其实，这只是一种私心，他只是在计较自己不能获得名利带来的虚荣感而已。

3. 不为名利折腰

古人云：“志不行，顾禄位如锱铢；道不同，视富贵如土芥。”名利不过如敝屣，人应弃之。三国时名动天下的诸葛亮于《诫子书》中写：“非淡泊无以明志，非宁静无以致远。”由此可见越是追名逐利者越发不能如愿以偿。把名利看淡些，不为名利而折腰，你会发现自己离目标会近些，看淡名利的人往往会更容易实现梦想。

4. 简单快乐就好

面对繁杂纷乱的现实社会，有谁能做到真正意义上的宁静淡泊呢？即

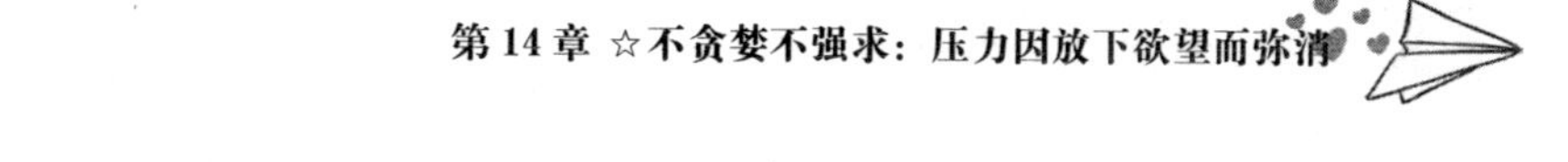

便是如此，但在短暂的一生中，难道我们就应该为名利而穷尽一生？如果运气可以，我们最后会名利双收，但我们的生命已经接近尾声了，这样的人生有什么意义呢？所以，与其为无穷的名利斗争而痛苦，不如活得简单一点，这样生活才会给予我们更多的快乐。

减压启示：

一个人，得名利时，如果十分欣喜，那就是一种生，也是一种死；一个人，失去名利时，如果痛苦万分，同样也是一种生，也是一种死。追逐和争夺名利的人，他们永远会在名利的挣扎中痛苦着、流转着。

看淡金钱，守财奴往往都是不快乐的

在生活中，我们经常会看到这样一群人：抠门、小气，与人交往总是只进不出。人们称这样的人为“守财奴”“铁公鸡”。什么是守财奴？顾名思义，就是只知敛财不知用度的人。莎士比亚在喜剧《威尼斯商人》中塑造了一个吝啬鬼的形象——夏洛克。他是一个资产阶级高利贷者，为了达到赚更多钱的目的，在威尼斯法庭，他凶相毕露：“我向他要求的这一磅肉，是我出了很大的代价买来的，它是属于我的，我一定要把它拿到手里。”与所有的守财奴一样，他的本性是贪婪。

在《儒林外史》中，严监生算是一个守财奴的经典形象了。听听严监生是如何向舅爷诉苦的：“便是我也不好说。不瞒二位老舅，像我家还有几亩薄田，日逐夫妻四口在家度日，猪肉也舍不得买一斤，小儿子要吃时，在熟切店内买四个钱的哄他就是了。

严监生临死之前，他把手从被单里拿出来，伸着两个指头。大侄子走上前来问道：“二叔，你莫不是还有两个亲人不曾见面？”他就把头摇了摇。二侄子走上前来问道：“二叔，莫不是还有两笔银子在哪里，不曾吩咐明白？”他两眼睁得滴溜圆，把头又狠狠地摇了几摇，越发指得紧了。

奶妈抱着哥子插口道：“老爷想是因两位舅爷不在眼前，故此记念。”他听了这话，把眼闭着摇头，那手只是指着不动。赵氏慌忙揩揩眼泪，走近上前道：“爷，别人都说的不想干，只有我能知道你的意思，你是为那灯盏里点的是两根灯草不放心，唯恐费了油。我如今挑掉一根就是了。”说罢，忙走去挑掉一根灯草，众人在看严监生时，只见他一点一点把手垂下，顿时就没气了。

这个经典的镜头成为了守财奴的标准画像，严监生就是一个为两根灯草而不肯咽气的土财主。人的一生是十分短暂的，钱财跟生命比起来简直是一文不值，哪怕你万贯家财也不能买下来一秒钟的生命。

从前，有一个十分吝啬的人，他从来没有想过要给别人东西，连别人叫他说“布施”这两个字，他都讲不出口，只会“布、布、布……”大半天过去了，他还是“布”不出来，好像自己一讲出这两个字就会有所损失似的。但是，唯一让他感到纳闷的是，比他还要穷的人都生活得快乐幸福，但他却不知道幸福的滋味。

佛陀知道了这件事，就想去教化这个吝啬的人，佛陀来到了他住的城镇，开始宣扬“布施”。佛陀告诉大家布施的功德：一个人这辈子会富有，比别人长得漂亮，所有一切美好的事物，都跟他上辈子的布施有关。那个吝啬的人听了佛陀的话，心里很有感触，但是，自己就是布施不出去，他为此而感到懊恼。于是，他跑去找佛陀，对佛陀说：“世尊啊！我很想布施，但是，就是做不到，你能告诉我该怎么办吗？”佛陀在地上抓了一把草，将草放在那个吝啬人的右手，然后要他张开自己的左手，告诉他说：“你把右手想成是自己，把左手想成是别人，然后把这草交给别人。”可是，那个吝啬的人一想到要把这草给别人，他就呆住了，心里舍不得拿出去。他看了看自己的左手，赫然发现：“原来左手也是我自己的手。”他心里豁然开朗，一下子就把草交出去了，他明白了自己只需要很简单就能把草交给别人。佛陀笑着说：“现在你就把草交给别人吧。”那个吝啬的人将草真的交给了别人，在生活的不断练习中，他学会将自己的财物布施给别人，最后把自己的房子也布施给了别人，然而，他的身心获得了一种从来没有体验过的幸福与快乐。

一个人无法给予另一个人真正的发自肺腑的温暖，就不可能有精神的美。虽然，我们拿出了一些金钱，但却给别人带来精神上的快乐，这何尝不是一件美事呢？金钱，生不带来，死不带去，当花则花，你对人大方了，别人才会对你大方。人活一生，这就是一个过程，可如果到了守财奴、吝啬鬼的份上，那人生便毫无意义了。

1. 不计较在金钱上对别人的帮助

有时候，身边朋友或同事在金钱上有了困难，我们应该大方援助，因为在帮助别人的同时，我们也将收获一份精神上的快乐。在交际中，不要总想着别人出钱，自己则一毛不拔，这样只会让自己的人际圈子越来越狭窄。

2. 看淡金钱

俗话说："钱乃身外之物，生不带来，死不带走。"在生活中，能够体会到幸福与快乐的是我们的内心，而不是金钱所带来的优越的物质生活。对金钱，我们要看淡，这样我们才不会被金钱所驱使，学会成为金钱的主人，而不是金钱的奴隶。

减压启示：

在现实生活中，守财奴是卑鄙的，一个人要是太过吝啬就会受到人们的嘲弄和讽刺，太为金钱的流失而痛苦，这样的人只能一辈子抱着金钱生活。假如一个人既吝啬又小气，那可以肯定，他注定只能成为"孤家寡人"。

不要强求绝对的公平，只求心灵平衡

比尔·盖茨说："社会是不公平的，我们要试着接受它。"在这个世界上没有绝对的公平，假如真的绝对公平了，反而会是另外一种不公平。一个人从呱呱坠地出生，就有很多的不公平，有可能是出生背景不同、家庭关系不同、受教育程度不同，这些对我们而言都是一种不公平。面对这样的情况，如果我们处处较真，抱怨上天对我们的不公平，那只会让自己陷入一个痛苦的怪圈。更有甚者，最让我们感到心里不平衡的，是从前跟我们在一个水平线上的人，今天突然之间变得不一样了，一起工作的他却升职加薪了，一起做生意的他却发财了。别人做事情总是处处顺利，而自己则是处处碰壁。

在这个世界上，从来都是一份耕耘，一份收获，有所失才会有所得，只有有了对生活、对工作的付出，才有可能得到期望中的回报。在生活中，有的人比较幸运，他可以利用身边可以利用的一切资源，很快地过上令人羡慕的生活，而像自己这样一无所有的人，需要认清生活中存在的不公平，把自己的劣势变成自己努力奋斗的动力，发挥自己的长处，寻找机会，坚持自己想干的事情，这样才可以扭转我们所认为的不公平。

有这样两个渔人，一起出去捕鱼。

他们来到河边，两人捕了很多的鱼。在分鱼的时候，两人发生了争执，都说自己分少了，对方分多了。没有办法，他们决定在河边挖一个水坑，暂时把鱼放在里面，回家去拿秤来重新分配。可是等他们回来的时候，水坑里的鱼却早已经从里面跳出来，游进了河里。他们感到十分懊恼，互相埋怨对方。

在这时，他们听见了野鸭的叫声，决定去捕野鸭。正当他们接近野鸭准备射击的时候，其中一个人说："先别忙，咱们先说好野鸭怎么分配，免得又让野鸭跑了。"于是，两人为分配的事情又争吵了起来，他们争吵的声音惊动了野鸭，野鸭马上就飞走了，可两人仍在那里争吵不休。

在生活中，我们经常也会遇到这样的事情，本来彼此之间合作得很好。但双方都在计较公平分配，结果，已经到手的利益成为了竹篮打水一场空，谁也没拿到好处。经常会有这样一些人，当事情还没办成的时候，就为了计较彼此之间的公平而在分配上争吵，而争吵的结果就是所办的事情不了了之。其实，在许多小事情上，绝不能拘泥绝对的公平，因为绝对的公平是不存在的。重要的是，我们要善于从长远利益出发，所谓小不忍

则乱大谋，切忌处处较真，斤斤计较。

1. 改变不了现实，就改变自己

虽然，社会提倡伸张正义、主持公道。而那些政治家们在每一篇竞选演讲中也会慷慨陈词："让每一个人都得到平等与公平的待遇。"但是，日复一日、年复一年，一个世纪过去了，我们也无法真正地消除世界上那些不公平的现象。实际上，从人类有史以来，这些现象就从来没有消失过，贫困、战争、瘟疫、犯罪、卖淫、吸毒和谋杀等各种社会弊病一代代延续着，某些地区还会愈演愈烈。我们应该明白，这些不公平现象的存在是必然的，当我们无法改变这一切的时候，我们可以努力改变自己，不让自己陷入一种惰性，并用自己的智慧去努力争取。

2. 别抱怨不公平

在生活与工作中，经常可以听到有人这样发泄："这简直太不公平了！"这是一种经常可以听见的抱怨，当我们感到某件事不公平的时候，必然会把自己同另外一个人或另外一群人进行比较，我们会想：他比我得到的多，这就很不公平。你越是这样较真，那你就越是觉得自己是最不公平的。

3. 只求心灵的平衡

凡事只要我们无悔地付出，至于结果怎么样，不要太在意，只求自己心灵的平衡。付出过，努力过，拼搏过，那就无怨无悔。对于生活中的许多事情，不要太去计较不公平的待遇，而只求得内心的安慰就可以了，这样我们才无愧于心。

4. 得之我幸，失之坦然

一个人活着，他就注定了有机遇、有坎坷、有欢乐、有痛苦，即便我们付出了所有的精力和心血，都不会换来公平的待遇。在生活中，有的东西既然别人得到了，我们就不要再去争，这样只会徒劳无益；假如自己得到了，那就好好珍惜，别人也不会轻易就能剥夺你的所有。

减压启示：

每天我们为了生存，不得不努力地挣扎着，以争取属于自己的那片天地。但在很多时候，我们努力了，却没有得到期望的结果。这时不要较真，不要哭泣，也不要怨天尤人，我们需要平静地面对这个世界，因为在这个世界上没有绝对的公平，我们只求心灵平衡。

缺憾是一种顺其自然，看开最重要

无论天气如何风和日丽，也免不了留下随风的尘埃；无论人生如何繁花似锦，也害怕迷失了壮阔的胸怀。其实，在这个世界上，没有绝对的完美，不过，因为有瑕疵，才显得更完美，从而显得与众不同。瑕疵，是完美的前提。我们怎么样才能找到完美呢？在瑕疵中，是没有完美的，就好像这个世界上没有两片完全相同的叶子。对此，哲学家这样解释："完美就在于他并不完美，世界根本不存在完美的标准，然而却有完美主义者。"其实，瑕疵和完美是相对的，有了瑕疵，才会显得与众不同，才会显得更完美。可以说，世间万物，所有的美都是有瑕疵的，因此才会显得与众不同。

所谓的完美终究是不完美的，瑕疵使得完美不断地发展，不断地进步，这样的美丽才会显得更独特。西楚霸王项羽，自恃清高，认为只有自己才是最完美的，最终却失去了眼前的大好江山，含恨自刎乌江；关羽年迈却觉得自恃雄才，结果败走麦城。那些总是追求完美、容不下瑕疵的人，结果却是以瑕疵结束。在这个世界上，任何事物都是美丽的，因为有了瑕疵，所以才有独一无二的美丽。

国王有七个女儿，这七位美丽的公主是国王的骄傲。她们有一头乌黑亮丽的长发远近皆知，所以国王送给她们每人一百个漂亮的发夹。

有一天早上，大公主醒来，一如往常地用发夹整理自己的秀发，却发现少了一个发夹，于是她偷偷到了二公主的房里，拿走了一个发夹；二公主发现少了一个发夹，便到三公主房里拿走一个发夹；三公主发现少了一

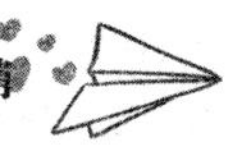

个发夹，也偷偷地拿走了四公主的一个发夹；四公主也如法炮制地拿走了五公主的发夹；五公主一样拿走了六公主的发夹；六公主只好拿走了七公主的发夹。于是，七公主的发夹只剩下九十九个了。

过了一天，邻国英俊的王子突然来到皇宫，他对国王说：“昨天我养的百灵鸟叼回一个发夹，我想一定是属于公主们的，而这也是一种奇妙的缘分，不晓得哪位公主掉了发夹？”公主们听到了这件事，都在心里想说：“是我掉的，是我掉的。”可是，她们头上明明都完完整整地别着一百个发夹，所以都懊恼得很，却说不出来。只有七公主走出来说：“我掉了一个发夹。”话才说完，一头漂亮的长发因少了一个发夹，全部披散下来，王子不由得看呆了。

故事的结局，当然是王子与公主幸福地生活在一起了。

为什么不能容下瑕疵呢？一百个发夹，就像是完美圆满的人生，少了一个发夹，就好像有了某种瑕疵。但正因为有这样的瑕疵，未来才有了无限的转机，有无限美好的可能性，而且，因为那一点点瑕疵，才可以显示出自己的与众不同，而这样的美丽是十分难得的。

有的人一生都在追求完美，殊不知这个世界根本没有完美，完美不过是一种理想的境界。人的一生注定会有许多的瑕疵，你收获一些，就会注定失去一些，因为没有人可以完美地获得一切。

1. 别为完美而纠结

对于完美的东西，那是十分遥远而高不可攀的境界。虽然，在生活中我们都很崇尚完美，也穷尽自己的一生来追求完美，但我们距离完美到底有多远，完美到底是一种怎么样的境界，我们无从得知。我们常常会为生活中的瑕疵而烦恼，其实，这都是不值得的，因为这个世界不存在绝对的完美。万事万物，因为有了瑕疵，才会变得那样完美。

2. 瑕疵也是一种完美

我们不能描述完美到底是怎样的一种境界，但我们知道完美是独一无二的。这样想来，难道瑕疵不是一种完美吗？因为瑕疵，使得东西本身更加与众不同，这样看来，这件东西本身就是完美的。所以，我们说，瑕疵也是一种完美，因为有了缺憾，才会让美丽显得更加与众不同。

3. 一件东西最大的成功在于其瑕疵

当雄伟的三峡工程顺利竣工，成为世界举世瞩目的成功典范时。记者曾激动地问：“三峡最大的成功在于哪里？”负责此项工程的工程师说：“最大的成功在于对它的批评。”确实，一件东西最大的成功在于它的瑕疵，因为瑕疵，它才会逐渐变得更加完美。

减压启示：

生活中，学会接纳别人的缺点，你才能拥有更多的朋友；学会接纳事物的瑕疵，你才能知足常乐。世间没有绝对的完美，太刻意地去追求完美，那只不过是给自己施加压力，甚至会让自己烦恼一生。敢于面对瑕疵，因为有了瑕疵，才使得这样的美丽显得与众不同。

工作的最终目的并非赚钱，而是享受生活

许多人认为工作的最终目的就是赚钱，所以拼命工作，结果反而徒增许多压力。对于我们大部分人而言，与其成为另外一个不要命式的工作狂，还不如做回自己，静心地享受生活。生活中，那些工作狂为什么那么拼命地工作呢？他们最主要的目的就是挣钱，而挣钱是为了什么呢？难道仅仅是因为让自己的生活更物质一些吗？在物欲横流的今天，越来越多的人物质充足，但其精神却很贫瘠，心灵无法得到休息。这主要是因为他们模糊了一个概念，挣钱的意义在于享受生活，而不是折腾生活。

中国的文化崇尚工作至上，在这样文化的影响下，许多人经常在办公室挑灯夜战，或者从来不出门旅游，这样拼命工作的人其实已经忽略了生活的美好，更何况工作得多并不意味着应该受到表彰或加薪。过度工作很有可能会降低自己的工作效率、消磨自己的创造力，甚至对你与家人和朋友的关系产生负面影响。尽管，有激情有梦想是上天赐予自己的礼物，为

自己热爱的事业而努力更不会是一种错误。但是，我们的休息也很重要，除去忙碌的工作时间以外，我们应该更多地享受生活，享受与家人朋友待在一起的感觉。这样我们才能收获更多来自心灵深处的快乐。

王先生来自于偏远的山村，用光了家里所有的钱，挤进了大学的门槛，到大学毕业之后，他已经是负债累累。虽然，品学兼优的王先生通过老师的介绍获得了一份不错的工作，但他并不满足普通的职位，而且还有自己读书欠下的债成为了他拼命工作的动力。早上他是第一个到办公室的，下班了，他却是最后一个离开办公室的。在无数个深夜，他孤身一人待在办公室，思考一个企划案，或着手一个新产品的研发。当然，付出是有回报的，王先生很快晋升于管理层，不仅如此，他还清了所有的债务。就在这时，他结识了一位女士，组建了一个幸福美满的家庭。

这样看起来，王先生的生活算是美满幸福了，但王先生并没有放松下来。每天，他依然是公司最拼命的一个，妻子每每抱怨："你已经很久没陪我们去公园了？我们一家人从来没去旅游过？"这时王先生总是以惯有的口吻说："我这样也还不是为了这个家嘛！"妻子辩解："可我们已经不缺什么了，我和孩子唯一缺的就是你，再富足的物质生活也比不上一家人在一起啊！"话还没说完，王先生已经西装革履地出门了。

没想到加班到凌晨一点的王先生回到家里，竟然发现妻子带着孩子走了，桌上只留下一个地址。第二天，王先生破天荒地向公司请了假，按照妻子所给出的地址，没想到竟然是一处山清水秀的森林公园，远远地，王先生看到妻子、孩子，还有自己白发苍苍的老母亲坐在一起，孩子嬉戏着，妻子则和母亲聊着天。看着这样的景象，王先生的眼睛湿润了，在那一刻，他明白了很多。

从此以后，王先生不再是拼命三郎了，他从自己工作的时间里抽出一部分陪家人和朋友，在这段时间里，他才发现生活是多么美好、多么轻松！

当一个人拼命工作到忘记了家人和朋友，尽管他的物质生活是富足的，但其精神生活却是一片贫瘠，他的内在心灵更是一片荒芜的花园。因

为他不懂得享受生活，自然感受不到来自生活的快乐。工作的功利性目的是为了挣钱，但这并不是其最终的目的，享受生活才是挣钱的最终目的。

1. 设定明确的工作时间

每天保持固定的工作时间，比如朝九晚五，那在下班五点之后就应该离开办公室，不要总是待到很晚。哪怕工作暂时没有任何进展，也要休息一会儿再继续，连续的工作只会令你身心疲惫，从而感到压力重重。

2. 亲近自然

亲近自然是减轻压力、远离烦恼的好途径。在日常工作中留出一些时间，不妨走出去，散散步，留心周围的事物。不要总是那么匆忙，试着让自己慢下来，试着尝试理解自己内心的想法，去感受周边环境的美好。

3. 抽出时间陪伴家人和朋友

一个人太过投入工作，就会牺牲掉与朋友、家人、爱人相处的时间。工作固然重要，但陪伴家人和朋友也同样重要。所以分配好时间，明白什么才是你生命中最重要的。

减压启示：

生活中，享受生活是人生的特殊体验，在越来越喧嚣的尘世中，我们逐渐背离了享受生活的本质。在拼命工作的过程中，我们变得越来越提得起，放不下，为享受而享受，把挣钱、占有当作是享受的终极目的。这样一来，生活中感受到的是苦多乐少。其实，享受生活是一种感知，品味春华秋实、云卷云舒，一缕阳光、一江春水、一语问候、一叶秋意，这些都是生活里醉人的点点滴滴。

第15章 世上本无压力：不过是庸人自扰罢了

每个人都生活在两个环境中：外部环境和心理环境。外部环境是压力的制造源，心理环境是压力的感受源。人的压力更多来自于内部环境，也就是来自于自己的心理欲求。正所谓世上本无压力，只是庸人自扰罢了。

心中有阳光，你所看到的一切都是美好的

亚伯拉罕·林肯在一次竞选参议员失败后这样说道：“此路艰辛而泥泞，我一只脚滑了一下，另一只脚也因而站不稳；但我缓口气，告诉自己‘这不过是滑一跤，并不是死去而爬不起来’。”在生活中，无论我们置身多么糟糕的环境，只要我们的心境还算是平静，那所有的情况都不算糟糕。没有不好的环境，只有不静的心境。有时候，阻碍我们前进的并不是外在的不好的环境，而是我们内心不安定的心境。虽然，外在的境遇是我们所不能改变的，但心境却是可以改变的。改变了心境，就相当于改变了环境，所谓“境由心生”，我们心境怎么样，环境就会变得怎么样，因为我们可以改变心境，让心境与环境合拍，从而改变不好的环境。

一位将军去沙漠参加军事演习，妻子塞尔玛需要随军驻扎在陆军基地里。由于沙漠干燥高热的气候，令塞尔玛感到很难受，而身边又没有可以倾诉的人，陷于孤独的塞尔玛经常给父亲写信，在信中透露出自己想回家的强烈愿望。然而，拆开父亲的回信，只有短短的两行字：“两个人从牢中的铁窗望出去，一个看到泥土，一个却看到了星星。”父亲的回信令塞尔玛十分惭愧，她决定要在沙漠里寻找星星。

从此以后，塞尔玛开始与当地人交朋友，彼此之间互相赠送礼品，闲来无事，她开始研究沙漠里的仙人掌、海螺壳。慢慢地，她迷上了这里，通过亲身的经历，她写了一本书《快乐的城堡》。

沙漠并没有改变，当地的印第安人也没有改变，那到底是什么使塞尔玛的生活发生了巨大的变化呢？心境，当然是心境，以前内心烦闷的塞尔玛看到的只是泥土，当心境发生变化之后，乐观的塞尔玛在沙漠里竟然寻找到了星星。

小娜是报社的一名记者，最近她接到了一个特殊的采访任务。当她拿

到被采访者的资料时，不禁有些难过，这是一个怎样的女人：丈夫早些年得了重病去世了，欠下了大笔的债务，家里有两个孩子，还有一个带有残疾，女人只是一家小型工厂里的一名女工，微薄的薪水养着整个家，还需要还债。她一下午都坐在家里，想着：她家里不知道是什么样子？女人和孩子都蒙头垢面，满脸悲苦，又黑又潮的小屋里没有一点鲜活的色彩，自己去了，也许只会不断地听到哭诉。

那个周末，小娜满怀同情，按着地址找到那个女人居住的地方。当她站在门口，有些不敢相信自己的眼睛，她甚至怀疑自己找错了地方，于是又向女主人核实了一遍。确认无误之后，她再开始重新打量这个家：整个屋子干干净净，有用纸做的漂亮门帘，墙上还贴着孩子上学获得的奖状，灶台上只放着油盐两种调味品，但却把罐子擦得干干净净，女人脸上的笑容就像她的房间一样明朗。小娜坐在用报纸垫着的凳子上，热情的女人为她拿来了拖鞋，小娜看见那鞋居然是用旧的解放鞋的鞋底做的，再用旧毛线织出带有美丽图案的鞋帮。

当女人也一起坐下来时，小娜不禁有些好奇她是怎么把这个家打理得这样舒适的，女工一边干着活，一边微笑着说："家里的冰箱洗衣机都是隔壁邻居淘汰下来送给自己的，其实用的也蛮好的；工厂里的老板同事也都很照顾自己，还会让自己把饭菜带回来给孩子们吃；孩子们也很懂事，做完了一天的功课还会帮忙干家务活……

小娜听着听着，眼睛有些湿润了，叹息道："虽然你所面临的环境是糟糕的，但是，你的心境却是阳光的。"这并不是同情，而是一种赞叹，赞叹女人的坚强，更赞叹女人的乐观。

故事中，女工所处的环境是相当糟糕的，如果换了别人，估计早已经活不下去了。但拥有阳光心境的女工却坚持了下来，不仅努力地活着，而且还用自己微薄的薪水创造了一个干净而温馨的家，这确实值得我们赞叹。乐观的女工面对如此境遇竟然还能坚强地生活下去，那我们呢？

1. 改变不了现实就改变心境

在生活中，一些不好的境遇往往会如期而至，不管我们接受不接受。

对于我们自身而言，既然那些不好的环境是无法改变的，为什么不尝试着改变自己的心境呢？当你的心境变得阳光，你所看见的一切都是美好的，你就不会再抱怨环境是多么糟糕，似乎它比你想象中还要好得多。没有不好的环境，只有不静的心境，当你的心境变得平静，自然就不会为那些不好的环境而斗气了。

2. 乐观面对，一切都将是那么美好

在这个世界上，根本没有不好的环境，有的只是苦闷的心境。当你感到苦闷或烦躁的时候，不妨想想，你所认为的不好环境是否在于自己拥有了一份糟糕的心境呢？如果答案是肯定的，那就尝试着改变心境，放弃苦闷的心境，以乐观的心境面对，你会发现，之前所认为的不好环境并没有想象中那么糟糕。

减压启示：

一个人若是拥有了不安定的心境，即便他处于多么顺利的环境之中，也会感到异常苦闷；反之，一个人若是拥有了对生活的热情、乐观的心境，那不管他处于怎样恶劣的环境中，依然可以过得快乐幸福。

努力做当下的自己，别让明天的烦恼来敲门

古人曰：“生于忧患，死于安乐。”试图告诉我们，只有忧愁患害才能使人发展，安逸享乐则会使人萎靡死亡。可是，如果我们总是没完没了地考虑明天，内心时刻存在一种忧患意识，那么，我们如何活在当下呢？虽然，人们常说“防患于未然”，但是，如果一个人对未来过度地焦虑和担忧，时间久了，就会变成一种心理负担，整个人都会被笼罩在消极情绪之下。这样一来，极有可能导致的结果是，以后的每一天我们都将生活在忧虑之中，阳光照射不进我们的生活。对未来生活的焦虑和恐惧，成为了现代人普遍的一种心理，即使人们当下的生活过得很不错，也会不由自主

地担心未来的生活，总是没完没了地考虑明天会怎么样。因此，为了有效控制自己的情绪，不要总是没完没了地考虑明天，不妨尽心做好当下的自己吧！

面对着一群研究生的拜访，心理专家从房间里拿出了许多水杯摆在茶几上，有各种各样的杯子，不同的材料，有的是玻璃杯，有的是瓷杯，有的是塑料杯，有的是纸杯，学生们各自拿了一只杯子喝水。当学生们拿起了杯子，心理专家开始说话了："大家有没有发现，你们挑去的杯子都是比较好看、比较别致的，像这些塑料杯和纸杯，都没有人拿走。其实，这就是人之常情，谁都希望手里拿着的是一只好看一点的杯子，但是，我们需要的是水，而不是水杯，所以，杯子的好坏，并不影响水的质量。"接着，心理专家解释道："想一想，如果我们总是有意或无意地把选杯子的心思用在了考虑明天的事情上，那么，我们的生活能够远离烦恼吗？"一位学生摇摇头："当然不，烦恼会接踵而至。"有时候，我们花上过多的时间来考虑明天会怎么样，担心明天会发生什么，结果，当下的今天我们却没能做好，反而置自己于忧虑之中。

一位著名的心理学家为研究"忧虑"问题，做了一个很有趣的实验：

心理学家要求实验者在一个周日的晚上，把自己未来7天内所有忧虑的"事情"都写下来，然后投入一个"烦恼箱"里。3周过去了，心理学家打开了"烦恼箱"，让所有实验者一一核对自己写下来的每个"烦恼"。结果发现，其中90%的"烦恼"并没有真正发生，因为它似乎更多地来自明天。

这时，心理学家要求实验者将真正的"烦恼"记录，并重新投入"烦恼箱"。3周很快过去了，心理学家又打开了"烦恼箱"，让所有实验者再一次核对自己写下的每个"烦恼"，结果发现，那些许多曾经的"烦恼"，已经不再是"烦恼"了。所有的实验者都感觉到，对于烦恼，总是预想的比较多，但往往出现的很少。对此，心理学家得出了这样的结论：一般人所忧虑的"烦恼"，有50%是明天的，只有10%是今天的，而最终的结果是，至少有90%的烦恼是自己想出来的烦恼，至于今天的烦恼是完全可以轻松应付的。

明天到底会怎么样呢？我们都无从得知，因为明天还没有来到，即使我们对明天有诸多幻想，那也应该是往好的方面想，而不应总是担心这样或那样，这样做，不仅忧虑了今天，而且给明天也蒙上了一层阴影。所以，尽心做好当下的自己吧，至于明天，我们就少去考虑和担忧吧！

有一位年轻人，他总觉得自己好像生病了。于是，他就去图书馆借了一本医学手册，想看看自己到底得了什么病，他先看了癌症的介绍，突然，他意识到自己患癌症已经好几个月了，顿时，他被吓住了。后来，他想知道自己还患了什么病，就依次读完了整本医学手册，一下子明白了，除了膝盖积水症以外，在自己身上什么病都有。当他走出图书馆的时候，完全变成了一个全身都有病的老头。

他决定去找医生，见到了医生，说："医生，我不给你讲我有哪些病，只说我没有什么病，看来，我已经活不长久了，除了膝盖积水症，其余什么病我都有。"医生给他做了诊断，然后开了一张处方给年轻人。年轻人顾不得看，就马上塞进口袋，立即跑往药店。到了那里，年轻人匆匆把处方递给药剂师，谁知，药剂师看了一眼，就退给他说："这是药店，不是食品店，也不是饭店。"年轻人惊讶地接过处方一看，上面写着：煎牛排一份，啤酒一瓶，6小时一次；10英里的路程，每天早上走一次。年轻人照做了，最后，他一直健康地活到了现在。

对未来担忧太多，以至于年轻人怀疑自己生病了，结果，经过医生诊断，他什么病都没有，有的只是心病。现代社会，人们越来越焦虑，在他们内心隐藏着一种未知的恐惧，担忧自己的生存状况，担忧明天。其中，他们大部分的焦虑是来自明天，而且，这样的人并不在少数，据一项社会调查显示，越是成功的人，对明天越是担忧。

有一位成功人士毫不忌讳自己的焦虑："现在我的公司刚刚上市，一切都在起步阶段，许多人恭贺我的成功，为此，我却感到忧心忡忡，觉得未来的种种困难在某个阶段等着我。同时，每天外出应酬，常常是喝酒，自己的身体每况愈下，对于明天，我真的十分焦虑，害怕它的到来，更害怕随着它而来的还有无限的挫折和挑战。”其实，即使再焦虑，我们也不能改变未知的明天，不妨调整好自己的情绪，以坦然的心境来面对今天，尽心尽力做好自己，不要去过多地考虑明天。

那么现在请你问一问自己下面这些问题，并写下答案：

（1）我是否逃避现在的生活，宁愿为未来担忧，或者仅仅梦想所谓的“远处奇妙的玫瑰园”？

（2）我是否经常为过去而懊恼，让今天过得更加不愉快？

（3）我早上起来的时候，是否决定“珍惜今天”，将24小时发挥得淋漓尽致？

（4）“活在当下”是否有助于我今天生活得更快乐？

（5）我应该什么时候开始呢？是下周？明天？抑或是今天？

减压启示：

许多人总是没完没了地考虑明天，自己找来了许多烦恼，这就是所谓的“烦恼不寻人，人自寻烦恼”。对于医生来说，在他们心中有一个秘密，那就是：大多数的疾病是可以不治而愈的。有的医生甚至断言：“许多人之所以生病，完全是吃撑了没事做，自己无聊坐在那里胡思乱想，结果，非常美好的一个明天，硬是被他自己设想出许多灾难来。”

学会释怀，别给自己太大的压力

每天，我们都面临了诸多压力，有可能是事业不顺而造成的工作压力，有可能是感情不顺而造成的感情压力，还有可能是家庭不和谐而造成的家庭压力，对此，心理学家把这些压力都统称为“社会压力”。社会压力对于一个人来说，将直接转换成心理压力、思想负担，久而久之，就会成为心结。如果这种压力，长久以来得不到有效释放，就会越积越多，并产生出巨大的能量，最终，它就像一座火山一样爆发出来，导致的结果是，人们的情绪大变，总感觉自己活得太累，每天都不开心，脾气越来越坏，甚至，有严重者精神崩溃，做出傻事。当然，对于外界的压力，我们需要调节，千万不要再给自己压力，这样只会是雪上加霜。所以，学会释怀，不要给自己太大的压力。

1937年，希尔德太太的丈夫去世，而且没有留下任何存款。那一刻，希尔德太太对生活感到了绝望。如果要想生活下去，就需要找份工作。在生活的逼迫下，希尔德太太不得不写信给曾经的老板——里奥·罗切先生，请求他可以让自己回去做以前的工作。希尔德太太过去的工作是向城市附近的农村和城镇的寄宿学校推销世界百科全书。两年前丈夫生病了，希尔德太太将汽车卖了。现在希尔德为了重新工作，不得不到处借钱，最终才以分期付款的方式买了一部二手车，重新推销书籍。

希尔德太太也希望重新工作可以帮助自己摆脱颓废、绝望的情绪。但是，真实情况却是，希尔德太太不得不一个人开车、独自吃饭，她实在无法忍受这个过程充斥着的孤独感和忧虑感。在这样的情况下，希尔德太太在某些地方连一本书也卖不出去，最后甚至难以支付小额的汽车分期付款。

1938年春天，希尔德太太到密苏里州的凡尔赛的小镇上推销书籍。那里的学校看起来很贫穷，道路也弯弯绕绕，在那一瞬间，希尔德太太觉得自己太独孤了，简直备受打击，甚至一度想到了自杀。因为她觉得成功对自己来说是那么遥远的事情，而且完全找不到继续生活下去的理由。每天早上醒来，希尔德太太就对生活充满着恐惧，她害怕面对生活。她恐惧一切：害怕交不起分期付款的车钱，担心交不起房租，担心养不活自己，更恐惧万一生病也没钱看医生。唯一支撑她继续活着，没有选择自杀的理由是，她害怕她的姐姐会因此悲伤以及她难以支付自己死后的丧葬费。

太大的压力常常会令人陷入长期的焦虑和恐惧中，这样一种消极心理会加重人们的焦虑感和恐惧感，有严重者，还会导致身体出现疾病。心理学家认为：适当的压力有助于我们激发更强的斗志，但是，正如任何事情都有一定的度，压力过大就会影响到正常的情绪。所以，在生活中，我们要给自己适当的压力，只要不是太糟糕的事情，我们就应该学会忘记，这样一来，那些琐碎的小事就影响不到我们了。

1. 学会释放压力

有的人总是喜欢把别人的压力放在自己身上，事事较真。比如，看到同事晋升了，朋友发财了，自己总会愤愤不平：为什么会这样呢？为什么就不是自己呢？其实，任何事情，只要自己尽了力就行了，任何东西都是急不来的，与其让自己陷入无谓的烦恼，不如以积极心态来面对，努力调整情绪，释放内心的压力，让自己的生活更加丰富多彩。

2. 不要给自己太大的压力

虽然，工作压力很大，但是，我们还是有选择，因为在更多的时候，真正的压力是我们自己给的。而压力就像是一个刽子手，它扼杀了一切快乐的因子。

减压启示：

一个人若是背着负担走路，那么，再平坦的路也会让他感到身心疲惫，最终，他会因为不堪生活的压力而走向不归路。对于生活中的某些事情，不要给自己太大的压力，如果内心积压了很多的压力，那就需要学会释放出来，因为很多时候，压力是自己给自己的。

换个角度看问题，心情自然变好了

哲人说：“人生就像一朵鲜花，有时开，有时败，有时候面带微笑，有时候却低头不语。”其实，人生就是这样，无论我们处于什么样的境地，只要学会看情绪晴雨表，学会调节出好心情，你会发现，人生远没有想象中的那么糟糕，我们所遭遇的那些也根本不算什么。人生，注定就是一条充满曲折、困难的路，或许，烦恼无所不在，但是，面对这样一些事情，我们能够尝试着打开心灵的另一扇窗户，以一种积极、乐观的心态去面对，你会发现，所谓的烦恼根本不存在。人生依然无限美好，问题的出现并没有改变我们的好心情。

有人这样抱怨："这天老是下雨，还要不要人活啊，今天出门的计划又泡汤了。"而在街头的另一处风景中，一位少女正撑着雨伞散步，小脚丫在雨水中快乐地奔跑。我们发现，"下雨"这个事实并没有改变，少女所改变的不过是自己的心情，像天气预报一样，情绪也有晴雨表，要想自己拥有一个好心情，我们要善于选择"晴朗的天气"，而不是沮丧的"雨天"。

曾经听过这样一个故事：

有个老太太有两个儿子，一个卖伞，一个刷墙。于是，老太太天天提心吊胆，闷闷不乐，因为晴天的时候，她担心儿子的伞卖不出去，下雨的时候，她又开始发愁另外一个儿子没法刷墙。后来，一位智者告诉他："试着换个角度，你想想，下雨的时候伞卖得最多，那卖伞的儿子生意不正好吗，心情就好了；天晴的时候刷墙正好，刷墙的儿子生意也兴旺，心情自然也就好了。这样一来，无论是晴天，还是雨天，对于你来说，心情都没有改变。所以，什么时候都不会错的，你所应该选择的是一份快乐的心情。"老太太听了，笑逐颜开，再也不用整天担心了。

每个人的心中都有一份情绪晴雨表，只是，我们常常习惯于看见阴郁的雨天，而忘记了晴朗的那方天空，于是，我们的情绪也变得阴郁起来，不由自主地以悲观、消极的心态来面对生活。如此一来，那些本来看起来十分细小的事情，也会让我们火气大发，甚至，阴郁的心情会蔓延开来，逐渐影响我们身边的人。

从前，有一位禅师，他十分喜爱兰花，在平日讲经之余，禅师花费了许多时间来栽种兰花，弟子们都知道禅师把兰花当成了自己生命的一部分。

有一次，禅师要外出云游一段时间，在临行前，禅师特意交代弟子：

“要好好照顾寺庙里的兰花。”在禅师云游的这一段时间里，弟子们都很细心地照料着兰花，但是，有一天，一位弟子在浇水时不小心将兰花架碰倒了，于是，所有的兰花盆都跌碎了，兰花也洒了满地。弟子感到十分恐慌，并决定等禅师回来后，向禅师赔罪。

过了一段时间，禅师云游归来，听说了这件事，便立即召集了所有的弟子们，非但没有对那位弟子责怪，反而安慰道：“我种兰花，一是希望用来供佛，二是为了美化寺庙环境，不是为了生气而种兰花的。”

禅师喜欢兰花，是一种情感的自然释放，并不是为了生气而种兰花的。因此，即使弟子不小心弄坏了兰花，禅师也选择了快乐的心情，他不仅没有生气，反而安慰弟子们。面对兰花这件事情，禅师选择了坦然的心情，自己虽然喜欢兰花，但心中却没有障碍，所以，失去了兰花并不会影响自己的情绪，禅师依然有一份难得的好心情。而且，深知情绪晴雨表的禅师明白，自己即使生气又有什么用呢？反而会乱了自己的心情，坏了情绪，不如选择一份快乐的心情，以坦然的心境面对一切，这样，我们才能收获人生的幸福与快乐。

减压启示：

换个角度，心情也就变了。心情，与生活一样，是可以选择的，即使事情变得十分糟糕，我们也依然选择以快乐的心情面对。这样，我们不但能看清楚事情的真实情况，而且，积极乐观的心态可帮助我们更好地解决问题。

放下沉重的包袱，心才会静下来

人生就像是负重前行，随着路程越来越远，我们所承受的压力就越来越大，身上的担子也就越来越重。另外，如果我们心中欲求越多，我们所承受的东西也将越沉重。就像一个背负重物的人，在行走的路途中，这样他也喜欢，那样他也舍不得放弃，最终，包袱越来越沉重，压得他弯下了腰，但是，他依然舍不得丢掉一样东西，拖着艰难的脚步，一步一步向前挪动。虽然，我们得到的东西越来越多，但是，我们所感兴趣的东西却越来越少，那种来自心灵的快乐也丢失了，所以，人生还是那么沉重、烦闷。

曾经有个人，他总埋怨生活的压力太大，担子太重，他试图放下担子，因为觉得很累，压得他透不过气来。他听人说，哲人柏拉图可以帮助别人解决问题。于是，他便去请教柏拉图。柏拉图听完了他的故事，给了他一个空篓子，说："背起这个篓子，朝山顶去。可你每走一步，必须捡起一块石头放进篓子里。等你到了山顶的时候，你自然会知道解救你自己的方法。去吧！去找寻你的答案吧……"于是，年轻人开始了他寻找答案的旅程！

刚上道，他精力充沛，一路上蹦蹦跳跳，把自己认为最好的、最美的石头，都一个一个地扔进了篓子里。每扔进一个，便觉得自己拥有了一件世上最美丽的东西，很充实，很快乐。于是，他在欢笑嬉戏中走完了旅程的1/3。可是，空篓子里的东西多了起来，也渐渐重了起来。他开始感到，篓子在肩上越来越沉。但他很执著，仍一如既往地前进。

而最后一个1/3的旅程确实是让他吃尽了苦头。他已经无暇顾及那些世界上最美丽、最惹人怜爱的东西了。为了不让沉重的篓子变得更重，他毅然舍弃了这些，只是挑选了些非常轻的、非常需要的或是必不可少的东西放进篓子。他深知，这样的舍弃是必要的。然而，无论他挑多轻的东西放入篓子，篓子的重量也丝毫不会减少，它只会加重，再加重，直到他无力承受。但最后，他还是背着篓子，艰难地踏上了这最后的1/3旅程。

可能，我们都听过这样一句话：远路无轻物？当然，并不是每一个人都有挑担的经历，但是，如果自己将要负重前行，出发的时候往往很轻松，但越行越远的时候，自己就感到举步维艰，甚至，会不自觉地抱怨为什么会选了那么多的东西。但是，望着前方的路，依然不舍得放弃，只能挑着担子往前走。以至于我们到达了终点，再打开自己的担子，发现里面有很多东西都不是我们所需要的。或许，对每一个即将远行的人来说，能够收获一份简单的快乐才是最重要的吧。

表姐硕士毕业后留在了一所名牌大学任教，工作得心应手，很受学生们的欢迎。在三年教学过程中，表姐已经在国家级刊物上发表了十余篇论文，还出版了一部专著。很快，学校破格提拔表姐为副教授，任命其为教研室主任。对此，身边的家人朋友都为她感到高兴，大家都认为，只要表姐能够继续走下去，成为教授、博士生导师只是时间问题而已。可是，就在表姐事业如日中天的时候，她却做出了令大家跌破眼镜的事情，表姐毅然辞去了前途光明的大学教师工作，应聘到美国一家著名公司做一名普通的员工。

父母感到十分惋惜，忍不住问女儿："你以前的工作不是挺好的吗，别人都是可望而不可即的，你为什么选择舍弃呢？"表姐却说："这么多年来，我最大的收获并不是金钱和名誉，而是努力挑战自己的乐趣，丰富自己的阅历，如果我继续在这个岗位上工作，会感觉到苦闷。一直以来，我很看重自己内心到底想要什么，所以，我鼓起了勇气去放下，这样，我才能感受最甜的快乐。"

或许，在别人看来，表姐的跳跃，并不像大家心目中完美的一跃，甚至，这样一跃存在着一定的风险，但是，表姐自己并不在乎世俗的衡量标准，她清楚地知道自己内心到底更想要什么，所以，她鼓起勇气选择了舍弃，自然，在表姐的生活中，她感受到了一份简单的快乐。

1. 生命不必如此沉重

每个人都背负着一些包袱，有的沉重，有的轻盈。尽管这些东西对我们而言都是重要的，但是在前进的路程上，我们需要敢于放下，否则它就会变成我们的包袱。痛苦、孤独、寂寞、灾难、眼泪，这些经历可以使我们人生得到升华，但如果一直记住，那就成为了人生的包袱。

2. 你所放下的与获得的将成正比

对于每一个人来说，放下与得到是相得益彰的，当你得到的东西多了，也就失去了轻松的快乐；相反，当你鼓起勇气放下了某种东西，我们就有可能收获最甜的快乐。

减压启示：

一个人只有敢于去舍弃一些东西，才能够放下心中的怨气、烦恼，也才能够轻松地争取一些东西。如果他什么都不肯舍弃，那么，他就没有多余的时间和精力去追求新的获得，不仅得不到快乐，而且会在郁郁中度过余生。

放松心情，让快乐成为习惯

什么是快乐？史铁生曾这样写道："生病的经验是一步步懂得满足，发烧了，才知道不发烧的日子多么清爽。咳嗽了，才体会不咳嗽的嗓子多么安详；刚坐上轮椅时，我老想，不能直立行走岂不把人的特点搞丢了？便觉得天昏地暗，等又生出褥疮，一连数日只能歪七扭八地躺着，才看见端坐的日子其实多么晴朗。后来又患尿毒症，经常昏昏然不能思想，就更加怀念往日时光。终于醒悟：其实每时每刻我们都是幸运的，任何灾难面前都可能再加上一个'更'字。"

在辅导班里，有一位60岁的教授，他谈吐幽默风趣，专业知识精深。但是，给学生印象最深的却是他每一次进教室都精神饱满，面带笑容，而且，每次都会带上一束花放在教室的花瓶里，虽然，每一次带来的花都不一样，但都一样鲜艳美丽。学生不禁产生这样的疑问：教授为什么总是感到如此快乐，难道生活就没有什么不顺心的事情吗？

课程结束之后，一位学生向教授表示了自己的感激之情，同时，提出了一直存在心中的疑问。头发花白的教授笑了笑，说："其实，我只是把快乐的感觉当成了一种习惯，前几年，老伴在一次车祸中走了，孩子又在外地工作，我一个人在家里很孤单，本来我已经退休了，但我还想继续执教，教师这份职业让我感到快乐。在工作之余，我最喜欢养花，在我家的院子里一年四季都有花香，我把这些花送给了朋友、邻居以及喜欢这些花的陌生人。我每次带来的花都是自己种的，能给别人带去快乐，我自己也感到很快乐。”闻着那些花香，学生感到快乐正跳动在自己的发梢。

其实，快乐只是一种感觉，我们每个人都拥有享受快乐的权利。在生活中，我们常常会感到悲伤、烦闷，总是认为快乐是一种奢侈品，难以得到。事实上，我们完全可以让快乐成为一种习惯，习惯本身是一种积累，而我们有养成快乐的力量，因为我们可以自己选择。

约翰是一名律师，在纽约一家知名的大公司上班，很快将成为公司的股东之一。坐在自己的高级公寓里，可以把中央公园的美景一览无余。约翰非常努力地工作着，一周的上班时间至少达到了60小时。每天早上，他都挣扎着起床，拖着疲惫的身体来到办公室，参加会议，会见客户，这些烦琐的工作占据了他的每一天。对此，他感到自己已经远离快乐很久了。

有人问他：“在一个理想世界里还想做什么？”约翰回答：“我最想去一家画廊工作。”那人继续问道：“难道你现在找不到画廊的工作吗？”“不是的，但如果在画廊工作，收入将会少很多，生活水平也会下降，我虽然对律师很反感，但没有其他选择。”

约翰将快乐生活定义为：高收入、较高的生活水平。甚至，他觉得放弃自己最梦想的职业是因为“没有选择”。现在，我们应该明白约翰为什么感觉不到快乐了吧？因为他总是被一个自己不喜欢的工作所捆绑着，所以，他每天都感觉不到快乐。在生活中，估计有一半以上的人对自己的工作并不满意。但是，他们之所以会感到不开心，并不是因为他们别无选择，而是他们提高了快乐的底线，错误地将物质与财富认为是“快乐”。

1. 每天对自己说“一切都会好的”

快乐的人每天都对自己说：“今天的天气真好，一切都会顺利的。”而不快乐的人则会说：“今天一切又不会顺利。”有时候，快乐对于我们来说只是一种选择，谁也带不走你的快乐，只有你自己。

2. 降低快乐的底线

或许，快乐就是这样简单，如史铁生所形容的那般“不发烧、不咳嗽、能走路、能好好地端坐着”。当然，我们可以理解他一定是吃尽了“疾病”的苦头，才会把快乐的底线定得如此之低。事实上，快乐本来就是那么简单，它的底线就是如此低，为什么我们还没有养成快乐的习惯呢？很多时候，我们总是认为生活给予自己的不够多，不自觉地提高了快乐的底线，但是，当我们真正意识到什么是快乐的时候，生活留给我们享受快乐的时间却是少得不能再少了。让快乐成为一种习惯，降低快乐的底线，你就会发现，快乐就在触手可及的地方。

减压启示：

让快乐成为自己的一种习惯，我们不需要太多的寻寻觅觅，太多的权衡，只需要放下心中太多的欲望，给自己的快乐画一条最浅的底线，你就会发现，生活中的快乐越来越多，你会感到每一天都是富足而充实的。

参考文献

［1］王蕾/吕荇. 空杯心态：一辈子受用的身心减压课［M］. 北京：中国华侨出版社，2013.

［2］减压小分队. 无压力更快乐——瞬间释放压力的100个妙招［M］. 北京：人民邮电出版社，2013.

［3］李世源. 别扛着：做自己的减压教练［M］. 北京：人民邮电出版社，2015.